GB 30871—2022
《危险化学品企业特殊作业安全规范》
应用问答（第二辑）

中国化学品安全协会　主编

中国石化出版社

内 容 提 要

本书针对全国各危险化学品企业及有关单位提出的关于 GB 30871—2022《危险化学品企业特殊作业安全规范》的一些热点、难点问题进行了详细解答，以指导企业准确理解和正确执行 GB 30871—2022。本书所述内容是对已出版的《GB 30871—2022〈危险化学品企业特殊作业安全规范〉应用问答》一书内容的补充；同时，还附有 GB 30871—2014 与 GB 30871—2022 标准内容对照表，让读者对标准内容修订前后区别一目了然。

本书适用于危险化学品企业安全管理和安全技术人员以及政府有关部门安全监管人员参考学习，特别适合作为危险化学品企业从事特殊作业人员的培训教材。

图书在版编目（CIP）数据

GB 30871—2022《危险化学品企业特殊作业安全规范》应用问答. 第二辑 / 中国化学品安全协会主编. —北京：中国石化出版社，2023. 3（2023. 6 重印）
ISBN 978-7-5114-6977-9

Ⅰ. ①G… Ⅱ. ①中… Ⅲ. ①化工产品-危险品-安全生产-标准化管理-中国-问题解答 Ⅳ. ①TQ086. 5-44

中国国家版本馆 CIP 数据核字（2023）第 029634 号

中国石化出版社出版发行

地址：北京市东城区安定门外大街 58 号
邮编：100011　电话：(010)57512500
发行部电话：(010)57512575
http://www. sinopec-press. com
E-mail：press@ sinopec. com
北京富泰印刷有限责任公司印刷
全国各地新华书店经销
*
710×1000 毫米 16 开本 14. 25 印张 173 千字
2023 年 3 月第 1 版　2023 年 6 月第 4 次印刷
定价：59. 00 元

编写人员

程长进　冯建柱　王　路　齐玉纯

张　力　周计玲　嵇　超　孙志岩

仝育婷　王　欣　梁汝军　苏彦娜

刘利民

PREFACE 前言

2022年3月15日，国家市场监督管理总局(国家标准化管理委员会)批准发布GB 30871—2022《危险化学品企业特殊作业安全规范》，标准于2022年10月1日起正式实施。

为指导企业准确理解标准的内容，解决在实际工作中存在的问题，正确辨识和管控特殊作业风险，减少和遏制特殊作业环节的事故，标准主要起草单位中国化学品安全协会组织有关专家，编写了《GB 30871—2022〈危险化学品企业特殊作业安全规范〉应用问答》一书，并于2022年5月出版，该书受到了全国各地危险化学品企业和有关单位众多读者的欢迎。

由于GB 30871—2022《危险化学品企业特殊作业安全规范》适用于全国所有危险化学品企业，受众面广泛，且危险化学品企业经常性地要开展特殊作业，该标准使用频率高，全国各危险化学品企业及有关单位的读者又陆续向中国化学品安全协会提出了若干关于对GB 30871—2022理解和执行上的问题。为了帮助全国各地危险化学品企业及有关单位进一步准确理解标准、更好地执行标准，中国化学品安全协会组织有关专家编写了本书。

本书对各危险化学品企业及有关单位的读者提出的关于GB 30871—2022《危险化学品企业特殊作业安全规范》的一些热点、难点问题，进行了细致、有针对性的解答，同时本书还附有GB 30871—2014与GB 30871—2022标准对照表。

由于编写时间仓促，书中难免有不当之处，敬请读者批评指正并提出宝贵意见。

CONTENTS 目录

通用部分

动火作业

受限空间作业

盲板抽堵作业

临时用电作业

高处作业

吊装作业

动土作业

断路作业

附　录

通用部分

1. 某些医药企业中不涉及危险化学品，既不生产危险化学品，也不使用危险化学品，是否需要按照 GB 30871—2022 标准实施特殊作业监管？

生产经营过程中不涉及危险化学品的医药企业，可不执行 GB 30871—2022。在特殊作业实施过程中，可参照 GB 30871—2022 落实相关安全措施。

2. GB 30871—2022 中把医药企业划入了适用范围，请问如果医药企业不涉及危险化学品，其生产装置、厂房等场所，比如大输液产品车间，在动火前也必须进行可燃气体分析吗？

企业可结合自身的情况进行风险分析，如果生产装置、厂房等场所确实不涉及可能发生燃爆风险的介质，则动火作业可不进行可燃气体分析，重点应做好作业时防火措施。必须要做到：一是风险分析要深入、准确；二是在企业有关管理制度中予以明确。

3. 企业性质属于危险化学品企业，整个厂区还涉及电厂及其他不涉及危险化学品的区域，当电厂及这些不涉及危险化学品的区域进行特殊作业时是否需执行 GB 30871—2022？

危险化学品企业厂区内相关作业均应执行 GB 30871—2022，有特殊规定的，应执行特殊规定。

4. 企业在非生产装置区的办公楼等行政生活办公区进行的有关作业，是否要执行 GB 30871—2022？有关作业监护人如何指派？

GB 30871—2022 中涉及的特殊作业一般指在企业生产区内进行

的相关作业。在企业行政生活办公区内进行的有关作业可不执行 GB 30871—2022。但在企业行政生活办公区内进行的动火、高处作业等也具有一定的风险，同样需要管理。建议企业参考 GB 30871—2022，在有关制度中明确在行政生活办公区内进行有关作业的管理要求。

在企业行政生活办公区内进行的动火等作业风险相对较低，可由非生产单位的其他单位人员担任监护人。具体要求企业应在相关制度中予以明确。

5. GB 30871—2022 适用于危险化学品企业新、改、扩建和技改类项目距离厂区其他火灾爆炸生产装置>30m 的特殊作业吗？

GB 30871—2022 适用范围为危险化学品生产、经营（带储存）企业，以及化工及医药企业生产经营过程中的特殊作业，侧重于危险化学品生产储存装置设施建成投用后运行期间开展的特殊作业。对于在既有生产厂区内进行改、扩建项目，开展特殊作业时适用哪个标准，应根据改、扩建项目的实施地点和周围存在的风险特点确定。

GB/T 50484—2019《石油化工建设工程施工安全技术标准》适用于石油化工、煤化工、天然气化工等新建、改建、扩建及检修装置施工安全技术管理，侧重于建设项目基本建设阶段，生产装置尚未引入易燃、易爆、有毒等工艺介质条件下。

如对新、改、扩的基本建设项目的临时用电作业、吊装作业、动火作业，在确保建设项目距离厂区其他火灾爆炸生产装置距离>30m，且与现有生产工艺系统完全隔离的情况下，可按照 GB/T 50484—2019《石油化工建设工程施工安全技术标准》、JGJ 46《施工现场临时用电安全技术规范》等相关标准规范要求执行。对于受限空间作业、高处作业等其他标准中未作明确要求的特殊作业，应执行 GB 30871—2022 的相关要求。

在企业实施特殊作业时，究竟采用哪个标准规范，需根据具体作业类型、作业时段和作业环境确定，并在企业项目实施过程中及有关制度中予以明确。

6. 固定动火区域内的高处作业、吊装作业等特殊作业是按照 GB 30871—2022 的要求还是 GB/T 50484—2019 的要求执行？

危险化学品企业固定动火区域内的高处作业、吊装作业等特殊作业应严格执行 GB 30871—2022 的有关规定。

7. AQ 3022—2008《化学品生产单位动火作业安全规程》等标准作废了吗？企业编制有关制度是否只参照 GB 30871—2022《危险化学品企业特殊作业安全规范》即可？

HG 30010 系列特殊作业标准已经废止，AQ 3022 等系列特殊作业标准目前依然有效。企业的特殊作业管理制度的编制可主要依据 GB 30871—2022。

8. GB 30871—2022 只规定了监护人的职责，动火安全作业票涉及动火作业负责人、动火人、分析人、交底人等，企业根据该标准制定公司制度时，是否需要确定上述人员的职责？

GB 30871—2022 只规定了监护人的职责，企业在制定有关管理制度时，可以结合实际情况对作业负责人、动火人、分析人、交底人等的职责做出规定。

9. 当化工装置全部停车检修，在装置物料全部清退系统置换吹扫后，进行动火作业、受限空间作业等特殊作业时还需严格按照 GB 30871—2022 要求对单独的容器或管道进行盲板隔离吗？还是只要吹扫合格后对装置界区进行盲板隔离即可？停车检修期间特殊作业怎么管理？

在生产装置检修期间，各类特殊作业可能存在的风险相对更大。在整个装置停车置换后，不能保证装置中所有的物料全部置换吹扫干净，尤其是一些盲端等。除了“生产装置或系统全部停车，装置经清洗、置换、分析合格并采取安全隔离措施后，且装置界区内不存在任何生产原料及中间反应物、产品或成品，根据其火灾、爆炸危险性大小，经危险化学品企业生产负责人或安全管理负责人批准，动火作业可按二级动火作业管理”外，其他特殊作业均应严格按 GB 30871—2022 执行。

10. 当在易燃易爆场所进行特殊作业时，是否所有工器具、设备设施都需要符合有关防爆要求？

当在易燃易爆场所内进行特殊作业时，应使用符合防爆要求的设备设施和工器具，包括便携式气体检测仪等检测设备和仪器，主要是为了避免易燃易爆介质泄漏可能导致的火灾爆炸的风险。在企业易燃易爆场所内如果使用不符合防爆等级要求的电气设备，应在使用设备前 30min 内，在设备周围 10m 范围内进行可燃气体分析，合格方可使用，并建议使用便携式可燃气体检测仪等设施连续检测电气设备周围的可燃气体浓度。

11. 当进行高处作业、临时用电等作业时必须设置警戒区吗？警戒区的要求是不是拉警戒线，还是有人监护即可？

现场设置警示标志、警戒区的目的是防止无关人员随意进出特殊作业现场。警戒区域一般采用警戒线或活动栏杆将作业区域围挡，不能只配备作业监护人而不设置警戒区。当进行可能对作业区域人员造成影响的作业时，应采用上述措施将可能影响区域设置警戒区，并有监护人进行作业监护，限制无关人员随意进出警戒区。对于临时用电作业与关联作业在同一区域内的，统一设置警戒区即可。

12. 如果在作业现场同时开展动火、受限、高处等特殊作业，作业人员有没有数量限制？

GB 30871—2022 中未对同一时间内开展动火作业、受限空间作业、高处作业等特殊作业人员的数量做出明确要求；《危险化学品企业安全风险隐患排查治理导则》附录的安全基础管理排查表中对于风险管理有“同一受限空间内不得超过 9 人”的要求。基于现场实际和风险控制要求，建议同一作业的特殊作业现场应尽量控制人员数量不得超过 9 人。

13. 在受限空间内进行动火作业算什么级别？很多受限空间内的动火作业大都是进行焊接或者打磨作业，对于在金属容器内进行焊接或者打磨作业的安全电压有什么要求？

在受限空间内的动火作业应参照 GB 30871—2022 第 5.1 条规定进行分级管理。该标准中，只对受限空间内照明电压提出了要求，但未对进行焊接或者打磨作业的电气设备电压做出明确要求，这些设备使用 220V 或 380V 交流电源时应按照临时用电作业的安全要求，配备漏电保护器等安全措施。

通常情况下，金属容器内等的工作地点狭窄、行动不便，周围有大面积接地导体，因此，在油罐、油槽以及其他金属容器内进行焊接作业时，应采取下列防止触电的措施：

（1）电焊时焊工应避免与铁件接触，要站立在橡胶绝缘垫上或穿橡胶绝缘鞋，并穿干燥的工作服；

（2）容器外面应设有可看见和听见焊工作业的监护人，并应设有开关，以便根据焊工的信号切断电源；

（3）应设通风装置，确保内部温度不得超过 40℃，禁止用氧气作为通风的风源，并且不准同时进行电焊及气焊工作。

14. 在受限空间内进行作业时，可不可以使用电动工具，比如角磨机等？

在受限空间内进行作业时可以使用电动工具。如果电动工具不符合防爆等级要求，在受限空间内使用电动工具应属于动火作业，同时作业符合动火作业定义的，应在满足受限空间作业管理要求的同时满足动火作业管理要求，办理动火安全作业票。如属于临时用电作业的，还应满足临时用电作业管理的相关要求。

15. 进行特殊作业时如需进行连续气体检测，可否采用便携式气体检测仪？

进行特殊作业时如果需要进行连续气体检测，可采用便携式或移动式气体检测仪进行检测。

16. GB 30871—2022 规定：气体分析取样时间与进行动火作业、受限空间作业时间间隔不得超过 30min。但是，如果使用色谱仪进行气体分析，自取样至分析结果出具时间可能会超过 30min。如何控制？

GB 30871—2022 没有对特殊作业气体分析的仪器、方式做出明确要求。企业如果采用色谱仪进行分析，应尽可能缩短取样及分析时间，以满足取样时间与作业开始时间间隔不超过 30min 的要求。此外，企业可选择其他取样分析的手段，如采用便携、直读式气体分析设备进行气体分析，在分析结果出现异常时再使用色谱仪进行分析复核。

17. GB 30871—2022 要求进行动火作业和受限空间作业不应采用水封或关闭阀门代替盲板作为隔断措施，实际操作中，企业结合 T/CCSAS 013—2022《化工企业能量隔离实施指南》，采用双阀加排空，部分工艺隔离方式是否可以？

T/CCSAS 013—2022《化工企业能量隔离实施指南》第 5. 2. 2 条规定：隔离或控制能量的方式至少包括双切断阀门，打开双阀之间的导淋阀。采用双阀加排空可以作为一种隔离方式，但标准中明确了双阀加排空这种隔离方式的适用范围，即一般适用于难燃、无毒、无刺激性介质。GB 30871—2022《危险化学品企业特殊作业安全规范》第 5. 2. 2 条规定“凡在盛有或盛装过助燃或易燃易爆危险化学品的设备、管道等生产、储存设施及本文件规定的火灾爆炸危险场所中生产设备上的动火作业，应将上述设备设施与生产系统彻底断开或隔离，不应以水封或仅关闭阀门代替盲板作为隔断措施”。第 6. 1 条 a) 规定“与受限空间连通的可能危及安全作业的管道应采用加盲板或拆除一段管道的方式进行隔离；不应采用水封或关闭阀门代替盲板作为隔断措施”。

企业应根据实际情况及各种隔离方式的适用范围，来选择适用的隔离方式。

18. GB 30871—2022 解读里面说到安全措施确认人应由危险化学品企业有关人员（监护人、班组长及以上相关人员）担任，必要时可增加作业单位确认人。但《GB 30871—2022〈危险化学品企业特殊作业安全规范〉应用问答》一书附录 5 吊装安全作业票里面，确认人全是吊装指挥人，如果指挥人为承包商，是否可以？

GB 30871—2022 附录为资料性附录，供企业参考，不是强制执行的。《GB 30871—2022〈危险化学品企业特殊作业安全规范〉应用问答》内容也是供企业参考。如果吊装作业指挥人员是承包商，则危险化学品企业应安排有关人员对吊装作业安全措施进行确认。

19. 对于一项特殊作业，如动火作业，若不涉及能量隔离等安全措施的确认，是否可以不用相关专业部门进行现场确认、审核?

GB 30871—2022 中第 4.6 条规定“作业前，危险化学品企业应组织办理作业审批手续，并由相关责任人签字审批。同一作业涉及两种或两种以上特殊作业时，应同时执行各自作业要求，办理相应的作业审批手续”。进行特殊作业时，应按要求办理相关的作业审批手续，即使不涉及能量隔离等安全措施的确认，也应按不同等级安全作业票的审批权限由具有审批职责的相关部门的人员根据 GB 30871—2022 第 4.11 条的规定进行现场确认、审核。

20. GB 30871—2022 第 4.10 条提到的作业期间应设监护人。监护人应由具有生产(作业)实践经验的人员担任。监护人是否必须由危险化学品企业人员担任?有何具体要求?

GB 30871—2022 未对特殊作业监护人应由哪一方来指派做出明确要求。在实际工作中，建议特殊作业监护人由危险化学品企业中作业所在单位指派，尤其是生产装置内及固有危险性较高的特殊作业，特殊情况下也可以由作业单位或第三方机构来指派。担任特殊作业监护人的人员应经过危险化学品企业特殊作业监护人专项培训并经考核合格方可从事特殊作业监护工作。

由作业单位或第三方机构来指派监护人，应确保监护人具备相应的监护能力，并具有相应的责任心。

21. 特殊作业监护过程中是否可以更换监护人？若可以，应如何执行更换监护人的手续？

特殊作业过程中可以更换符合要求的监护人。更换监护人不需要特别的手续，更换监护人时，监护人应在作业现场做好相关工作的交接，更换后的监护人应在特殊作业票中签字。

22. 进行现场作业时，承包商是否必须指派监护人？承包商监护人由谁培训？由谁取证？

GB 30871—2022 中未明确在特殊作业期间承包商必须安排作业监护人，企业对此有特殊要求的，可在本单位有关制度中予以明确。对承包商的监护人培训管理，可参照危险化学品企业内部监护人培训、考核、取证的管理要求。

23. GB 30871—2022 规定了监护人必须经考核合格，持证上岗。是企业内部培训取证还是必须取得专业培训机构的培训合格证？当地政府要求所有监护人必须取得安全管理人员的安全培训合格证，是强制要求吗？

GB 30871—2022 未对特殊作业监护人培训实施单位做出明确要求，企业可以自行培训，也可以委托具备能力的单位进行培训。GB 30871—2022 中没有要求特殊作业监护人员应取得安全管理人员安全培训合格证。

24. 在受限空间内涉及高处、动火、临时用电、受限空间等多项作业时，是否可以安排同一名监护人进行监护？高处作业涉及动火作业和临时用电作业时，是否可以安排同一名监护人进行监护？

作业监护人应根据现场作业实际情况进行统筹安排，监护人在具备相应作业监护能力的前提下，对于同一项检修活动涉及高处、动火、临时用电等多项特殊作业的，可以安排同一名监护人进行监护，而不必每一项特殊作业分别设置一名监护人。企业应视作业活动的复杂性、风险分析的结果，必要时增加作业监护人。

25. 特殊作业监护人设置只需要符合 GB 30871—2022 的要求就可以了吗？有地方文件要求特殊作业实施“双人监护”，这个规定是否可以不执行，只设置一个监护人？

GB 30871—2022 第 4.10 条规定“作业期间应设监护人。监护人应由具有生产(作业)实践经验的人员担任，并经专项培训考试合格，佩戴明显标识，持培训合格证上岗”。第 6.8 条 b) 规定“在风险较大的受限空间作业时，应增设监护人员”。GB 30871—2022 中没有“双人监护”的要求。如果地方文件有“双人监护”要求的，应执行地方文件的要求。

26. 进行特殊作业时，作业负责人、安全作业票的审批人是否可以担任作业监护人？

作业负责人是实施特殊作业人员中的负责人，可能是承包商，也可能是危险化学品企业中有关人员；特殊作业票审批人一般是危险化学品企业中有关人员。监护人可能是承包商人员，也可能是危险化学品企业中有关人员。如果作业负责人与安全作业票审批人经过危险化学品企业特殊作业监护专项培训并经考核合格，且作业负责人不参与作业，作业负责人、安全作业票的审批人可以担任作业监护人。

27. GB 30871—2022 中“接受交底人”具体指哪些人？作业人、作业负责人、监护人、措施确认人都必须接受交底吗？能不能只有作业负责人接受安全措施交底，然后再由作业负责人对作业人员进行安全措施交底？

GB 30871—2022 中第 4.4 条规定“作业前，危险化学品企业应对参加作业的人员进行安全措施交底”。“接受交底人”一般是指现场实施作业的人员(包括作业人、作业负责人)。特殊作业监护人、措施确认人，应对特殊作业有关情况有充分的了解，可以不接受安全措施交底。如果特殊作业的监护人由作业单位指派，则监护人也应接受安全措施交底。

建议在作业前，作业负责人和作业人员一起接受安全措施交底。如果只有作业负责人接受安全措施交底，然后再由作业负责人对作业人员进行二次安全措施交底，有可能二次安全措施交底内容不全面。

安全措施交底主要目的是让现场参与作业的人员了解作业现场和作业过程中可能存在的危险、有害因素及采取的具体安全措施与应急措施等，熟悉现场环境及应急救援器材的位置及分布，核实安全措施的可靠性，确保作业过程中一旦出现突发状况，现场人员能够及时采取有效的应对措施，避免安全事故的发生。

28. GB 30871—2022 中的安全教育人/交底人员必须是安全员吗？特殊作业票是否必须由安全员签字确认？

安全教育人/交底人员，不一定是安全员。“安全措施交底人”是危险化学品企业特殊作业所在基层单位的人员，可以是当班班长，也可以是车间的其他对作业现场可能存在的风险及管控措施掌握得清楚的人员。GB 30871—2022 中没有要求安全管理人员必须对安全作业票进行签字确认，企业应按 GB 30871—2022 的要求，结合企业的实际情况，明确各类安全作业票中相关的审核、批准人员。

29. 特殊作业的安全措施交底内容在票证上有体现，需不需要再单独建立交底记录？

GB 30871—2022 未对特殊作业前的安全措施交底形式做出明确要求，重点应关注的是安全措施交底的内容及效果。在保证特殊作业安全措施交底的内容全面、适用并保证交底效果的前提下，可不必单独建立安全措施交底的有关记录，或在特殊作业票中体现或与其他有关记录合并处理。

30. 特殊作业现场的辅助人员和监护人员需要在“接受交底人”一栏签字吗?

GB 30871—2022 第 4.4 条规定“作业前，危险化学品企业应对参加作业的人员进行安全措施交底”，特殊作业辅助人员尽管不参与作业，但处于作业范围内，其行为可能会对特殊作业安全进行造成影响，仍需接受安全措施交底并在“接受交底人”一栏签字。监护人员如果是危险化学品企业有关单位指派，在作业前对作业有关情况进行了全面了解，可不需再接受安全措施交底。如果监护人由作业单位(承包商)指派，则监护人应接受危险化学品企业有关人员的安全措施交底并在“接受交底人”一栏签字。

31. 在各个安全作业票的样例中，都列明了安全措施交底人和接受交底人，但没有规定必须签字。如果企业另外建立了安全措施交底记录的话，在票证中仅写明安全措施交底的证据是否可以?

GB 30871—2022 附录中提供的各种特殊作业票样式，是资料性文件，是参考样表，企业可以根据自身情况进行适当修改。企业可以通过其他形式进行安全措施交底并记录，但应满足标准的基本要求。如果企业有单独的安全措施交底记录，交底人及接受交底人在交底记录中进行了签字，在特殊作业票中交底人及接受交底人可不需重复签字，可以填写安全措施交底的有关记录编号等。

32. GB 30871—2022 中对动火作业提出了升级管理的要求，其他作业是否需要升级管理?

GB 30871—2022 在第 5.1.1 条提出了对动火作业升级管理的要

求，即“遇节假日、公休日、夜间或其他特殊情况，动火作业应升级管理”。企业未对其他作业规定升级管理要求。

33. 在一个塔内分别进行动火作业和清理作业，是否需要分别办理动火安全作业票和受限空间安全作业票？

动火作业和受限空间作业必须分别办理安全作业票。清理作业过程中可能会有其他作业风险，比如机械伤害、物体打击、高处坠落等，和动火作业风险还是有很大差异的。不建议在一个塔内同时进行动火作业和清理作业。如果工作需要必须同时进行时，应避免上下交叉作业，并分别落实好相应的安全措施。

34. GB 30871—2022 中只规定了特殊作业票应由危险化学品企业组织办理，但究竟该由企业的哪个部门来办理呢？

企业中应组织办理特殊作业票的单位是作业申请单位。作业申请单位不一定是哪一个确定的部门。哪个单位提出了作业需求，哪个单位就是作业申请单位。作业申请单位可能是企业中的生产车间即作业点所在单位，也可能是其他辅助车间如设备、电仪车间等，还可能是其他单位。具体要求企业应在相关制度中予以明确。

35. 在特殊作业进行过程中，是否可以更换作业人员？需要重新办理安全作业票吗？

GB 30871—2022 中规定“作业内容变更、作业范围扩大、作业地点转移或超过安全作业票有效期限时，应重新办理安全作业票。工艺条件、作业条件、作业方式或作业环境改变时，应重新进行作业危害分析，核对风险管控措施，重新办理安全作业票”。作业过程中作业内容、作业条件、作业环境等均没有发生变化，可以变更作业人员，拟增加的作业人员资质经过检查符合要求，且经过了安全教育培训和安全措施交底，作业人员在安全作业票等记录中进行签字确认，安全作业票的批准人在安全作业票中签署确认意见，可以不需重新办理安全作业票。

36. 特殊作业适用于紧急抢修作业吗？特别是夜间影响生产安全的紧急抢修作业是否需要按程序办理特殊作业票证？

生产装置紧急抢修过程中有关作业同样属于特殊作业，紧急抢修过程中潜在的风险更大，更应引起高度重视。紧急抢修时，特殊作业的有关安全措施务必严格落实后方可作业，包括可能实施的能量隔离、气体检测等。企业应尽可能地在办理完特殊作业审批手续后再进行抢修作业。如果紧急抢修时间特别紧迫，在严格落实有关安全措施的前提下，特殊作业票可采用在作业后进行补办等方式，并做好有关详细说明。

37. 改造项目设立的临时固定动火区和长期固定动火区内是否需要办理临时用电安全作业票？

固定动火区内的供电线路、供配电设施均为正式设施，且根据现场用电设备经过正规的设计与安装，则固定动火区内的用电按照常规用电管理，不需办理临时用电安全作业票，但企业应对区域内的各类供配电设施等进行定期检查。如果供电线路、供配电设施均为非永久性、未经正规设计与安装的，在该区域的用电应视为临时用电，需要办理临时用电安全作业票。

38. 特殊作业实行电子票证后，票证在作业所在单位的项目负责人和监护人所持终端中，如何保证作业实施人员持票？

GB 30871—2022 中没有对作业人员持有电子安全作业票做出明确

要求。建议对特殊作业实施电子安全作业票的，应能在作业现场监护人等人员的电子作业票系统终端机中随时查询到特殊作业票，否则应将经审批的电子作业票打印成纸质版交由作业人持有。

39. 企业使用电子特殊作业审批系统，但企业不允许承包商带手机进入现场，即承包商不能进行在电子票终端签字等操作，最终出来的安全作业票上企业人员名称都是通过手机端手签的形式，而承包商都是以打印的形式出现在票面上。请问这样是否符合要求？由于大部分岗位人员都是禁止携带手机的，甚至部分监护人也没办法实现在电子终端上进行手签，这样是否可以？

GB 30871—2022 中没有对作业有关人员必须在安全作业票中亲笔签字做出明确要求。但为保证作业有关人员能充分掌握作业有关情况，作业有关人员应该在安全作业票中相关位置进行签字。建议承包商配备办理电子安全作业票的移动端设备，或由承包商在危险化学品企业作业点所在单位有关人员的移动端设备上进行签字。企业同时应为岗位配备一定数量的防爆手机等信息化系统手持端设备，该终端设备可进行有关设置，仅供工作使用。另外，企业在电子特殊作业审批系统设计、开发时，建议增加承包商人员人脸识别和终端定位功能，通过人脸识别与定位功能实现承包商人员认证。

40. 安全作业票中作业申请单位、作业单位、作业所在单位、作业负责人、作业人、用电人、用电单位等由谁来填写？

（1）作业申请单位，是指危险化学品企业的某一单位，而不应是承包商。哪个单位有作业需求，哪个单位就是“作业申请单位”。“作业申请单位”可能是作业所在单位，如某生产车间要在本单位辖区内进行受限空间作业和高处作业等，则“作业申请单位”为该生产车间，作业人员可能是该车间自己的员工，也可能是承包商人员；“作业申请单位”可能是作业单位，如某生产车间自己的员工要进行受限空间作业和高处作业等，不涉及承包商等外来人员，则“作业申请单位”为该生产车间，也是作业单位；“作业申请单位”可能是非作业所在单位，如企业的仪表车间要对某生产车间辖区内仪表进行检修，需要高处作业，则“作业申请单位”即为企业的仪表车间，作业单位则可能是仪表车间或承包商。

（2）作业单位，是指具体实施特殊作业的单位，可能是危险化学品企业的某单位，也可能是承包商。

（3）作业所在单位，是指危险化学品企业中特殊作业现场所在的单位。

（4）作业负责人，是指某项检修活动作业人员中的负责人，如组长、队长等，不一定是作业单位的负责人。

（5）作业人，就是直接实施作业的人员。临时用电安全作业票中“作业人”是指危险化学品企业中接电、拆电的电工。

（6）用电人，是指使用电气设备实施作业的人员。

（7）用电单位，是指使用电气设备实施作业的人员的所属单位，或许是承包商，或许是危险化学品企业的某单位。

安全作业票中以上内容由相应的人员来签字。

41. 如何理解 GB 30871—2022 中安全作业票上的作业申请时间？如果作业计划是前几天制定的，且在电子票系统内生成了模板，作业申请时间是否也写前几天的时间呢，还是必须填写作业当时的时间？

GB 30871—2022 附录特殊作业票中的“作业申请时间”是指计划作业并开始申办安全作业票的时间，可以按实际的作业申请时间提前填写，没有特别的期限等要求。

42. 在受限空间内进行动火作业，涉及动火作业、高处作业、受限空间作业，涉及的风险有火灾、其他爆炸、灼烫、触电、高处坠落、物体打击、中毒、窒息、其他伤害等。请问是需要在每张安全作业票上都把所有的风险写上去吗？还是可以分开写呢？

企业应对整个检修活动进行总体的危险有害因素辨识。同一项检修活动涉及多种特殊作业的，由于各作业所涉及的风险不同，因此需要在各安全作业票中把该作业所涉及的主要风险辨识结果列出来，无须把整项检修活动所有可能涉及的风险辨识结果全部列出。

43. 特殊作业票中各安全措施除了填写“涉及”与“不涉及”以外，还需要填写详细处理内容吗？

特殊作业票中各项安全措施，需逐一进行确认。如存在不涉及的情况也要在相应栏中注明“不涉及”或填写有关符号(企业自定)，不允许有空项，但无须填写详细处理内容。

44. 二级动火作业、高处作业、临时用电安全作业票的有效期有72小时、7天、15天，安全作业票上的作业时间如何填写？

各安全作业票的“作业实施时间”是指企业实际作业开始时间和实际作业结束时间。作业开始时间应在安全作业票批准后正式开始作业时填写，作业结束时间应在作业结束后再填写。二级动火作业、高处作业、临时用电安全作业票的有效期有72小时、7天、15天，是指该项特殊作业办理作业审批后应在有效期内完成。安全作业票有效期满但作业尚未完成的，无论是需要连续作业还是需要暂时中断再作业，均应重新办理安全作业票。

45. GB 30871—2022 附录安全作业票样表中“作业实施时间”该怎么填写？能否填计划作业时间？或者能否在开始时间位置填写实际的开始时间，在结束时间位置填写计划结束时间？有人说作业结束时间不能空着不填。

GB 30871—2022 附录 A 各安全作业票中的“作业实施时间”应填写实际作业开始时间和实际作业结束时间，分别在作业开始时、作业结束时填写。

GB 30871—2022 附录 A 是资料性附录，不是强制性要求，供企业参考。企业可以将“作业实施时间”视为作业计划时间，企业则应在有关管理制度中、在安全作业票中明确实际作业开始时间和实际作业结束时间。

“作业实施时间”开始时间填写实际的开始时间，而结束时间填写计划结束时间不妥，因为前是“实际时间”，后是“计划时间”，前后不是同一类别时间，不建议这么填写。

特殊作业票不能空项等有关要求，是指特殊作业结束后要对安全作业票归档时，安全作业票中的有关内容不能空项，而作业还没有结束，实际的作业结束时间可以空项，等作业结束后再填写。

46. GB 30871—2022 第 4.18 条规定“安全作业票应规范填写，不得涂改”。作业中途换监护人，填写新的监护人姓名是否算涂改安全作业票？安全作业票不得涂改是指办票过程中不能填错而有涂改痕迹，还是说审批完成后票证不允许涂改？

特殊作业过程中如果需要更换监护人，新的监护人在特殊作业票中“监护人”栏签字，原监护人的签字保留，这不属于涂改安全作业票。安全作业票不得涂改是指安全作业票在办理过程中、在完成审批后全过程均不得涂改。

47. 对于二级动火作业、高处作业，可能作业要连续实施好几天，但都只是白天作业。请问安全作业票中的“完工验收”栏是每天作业结束后都要填写验收意见，还是在整个作业全部结束后再填写？

要连续实施好几天的特殊作业，安全作业票的“完工验收”栏可在该项作业全部结束后填写。如果企业对特殊作业管理更加严格，可以自行要求在每天作业结束后分别填写一次完工验收内容。

48. 一项检维修作业涉及动火作业、高处作业、受限空间作业等多项特殊作业，作业人数应该如何填写？每种作业票的作业人数不一样可以吗？

一项检维修作业涉及多种特殊作业的，各安全作业票中的作业人员数量可根据实际情况填写，各安全作业票中的作业人员数量不一定完全相同。

49. 除动火作业、受限空间作业、临时用电作业、高处作业有明确的作业期限要求，其他几种安全作业票的有效期有无明确要求？

GB 30871—2022 未对盲板抽堵作业、吊装作业、动土作业、断路作业等特殊作业的安全作业票的有效期进行明确，但企业在开展这些作业时也不是可以随意占用过多时间的，一般以一项任务完整结束为一个节点。企业应合理组织各项作业的实施、提高作业效率，确保作业任务的安全顺利完成。

50. 存档的安全作业票上序号是否有要求需保持连贯?

GB 30871—2022 未对存档的安全作业票的编号是否应保持连贯做出明确要求。为规范特殊作业管理，建议企业在印制特殊作业票时，应将连续的安全作业票编号印制在安全作业票中或连续填写编号，作废的安全作业票也应一起保存，保证所有的安全作业票能得以追溯。

51. 现在部分企业在特殊作业前要求特殊作业票要附有好几张副票，如培训教育、动火分析、应急计划、危害辨识等，非常复杂，请问这是必须的吗?

GB 30871—2022 未对特殊作业前的危险有害因素辨识、安全措施交底、作业前安全教育培训、气体分析等工作的体现形式做出明确要求。企业在保证特殊作业前以上有关准备工作有效实施的基础上，可结合实际情况简化作业流程，减少相关的记录，提高特殊作业申请审批效率。

52. 吊装作业、动土作业、断路作业的专业部门分别是哪个部门?

GB 30871—2022 附录 B 中的“专业部门”是指企业内部对吊装作业、动土作业、断路作业等作业的专业对口管理部门，不同的企业有不同的管理职责划分，企业应依据内部各部门的职责分工确定由哪个部门来分别负责相应特殊作业的管理。

53. 相关联的动火安全作业票和临时用电安全作业票审批是否有先后顺序?

GB 30871—2022 对动火安全作业票和临时用电安全作业票审批顺

序未作要求，企业应结合实际作业流程，确定动火安全作业票和临时用电安全作业票审批顺序。如果动火作业与临时用电作业相关联，即动火设备是电气设备的，则逻辑上一般应先办理完临时用电安全作业票后，再办理动火安全作业票，即动火安全作业票的开始时间应晚于临时用电安全作业票的开始时间。但动火作业和临时用电作业开始时间均与可燃气体分析时间间隔不能超过30min。如果动火作业与临时用电作业没有必然的联系，则两种安全作业票的审批时间无先后的要求。

54. GB 30871—2022中的动火安全作业票中“安全管理部门意见”栏，能否授权给生产部门取得安全管理人员培训合格证的兼职安全员审核签字?

GB 30871—2022附录中各安全作业票的内容是供企业参考，不是必须强制执行的。企业可结合自身实际情况，自行明确特殊作业票的审核审批单位/人，但应采取有关措施确保特殊作业票的审核审批单位/人具备相应的能力、权限。特殊作业票的审核审批人与是否取得安全管理人员培训合格证、是否是专职或兼职安全管理人员没有直接关系。

55. 特殊作业批准授权方式可用书面、微信、QQ等可查询的方式。其中“授权”是指什么意思?是说可以授权给某一个人去现场审批，还是可以通过微信、QQ等方式批准作业实施?

特殊作业票批准授权一般是指危险化学品企业中，某特殊作业票的批准人因故(出差等原因不在企业厂区内)不能到作业现场批准特殊作业票时，将特殊作业票的批准权限移交给同级或直线下属岗位具有特殊作业票审批能力的人员，由被授权人来实施特殊作业票现场批准权。特殊作业票批准授权应保留相关的证据，证据形式包括书面、短信、微信、QQ 等方式。授权不是指通过微信、QQ 等方式远程批准特殊作业票。

56. 某项特殊作业在两天前就做好了作业计划，并在当时开始办理作业票、有关部门进行了会签，现在作业马上要实施，再由作业票的审批人进行批准是否可以？

特殊作业在计划阶段，可以做一些作业的准备工作，包括提前在相应安全作业票中填写一些基本信息。但安全作业票中风险辨识、安全措施的落实、安全作业票的审核、批准包括会签等工作，必须应在作业各项安全措施得以落实并检查确认后才能开展，不能提前会签安全作业票而随后再落实有关安全措施。

动火作业

1. 禁火区的定义是什么？出处在哪里？

“禁火区”即为禁止随意动火作业的区域，在该区域内动火作业应严格执行相关的许可程序。“禁火区”包含的范围相对较广泛，一般企业将生产区和其他特殊区域全部列为禁火区，包括火灾爆炸危险场所和非火灾爆炸危险场所。禁火区的定义未在其他标准中出现过。

2. 在危险化学品生产企业中，是不是装置区内都算作火灾爆炸危险场所？循环水装置区域和锅炉装置区域及包装厂房（不涉及危险化学品）属于火灾爆炸危险场所吗？

根据 GB 30871—2022，火灾爆炸危险场所是指：能够与空气形成爆炸性混合物的气体、蒸气、粉尘等介质环境以及在高温、受热、摩擦、撞击、自燃等情况下可能引发火灾、爆炸的场所。满足该定义要求的场所均属于火灾爆炸危险场所。火灾爆炸危险场所不等同于生产区或 GB 30871—2022 对动火作业定义中所述的“禁火区”，火灾爆炸危险场所包括 GB 50016、GB 50160、GB 50074 中火灾危险性分类为甲、乙类区域的场所，同时也包括了可能导致火灾并继而产生可燃有毒气体引发人员中毒、火灾爆炸的场所；生产区、禁火区范围更加广泛，其中可能会包括火灾爆炸危险场所和非火灾爆炸危险场所。企业应根据上述标准的要求，结合企业的实际情况，研判循环水装置、锅炉装置及包装厂房等场所是否属于火灾爆炸危险场所。另外，对于循环水装置区域由于循环水在换热设备运行中存在换热设备内漏的可能性，带入循环水内的介质可能会积聚在循环水装置区域，企业应评估潜在的风险。

3. GB 30871—2022 对动火作业定义中新增了使用喷砂机的作业，请问这里的喷砂机是指干式喷砂机还是湿式喷砂机？

GB 30871—2022 中动火作业涉及的喷砂机不包括湿式喷砂机。

4. 动火作业定义中未包含热处理工作，管道热处理是否要按照动火作业管理，也需办理动火安全作业票？

管道热处理可能会产生高温，应按动火作业管理。管道热处理一般是与管道焊接配套开展的作业活动，需要进行管道热处理的，应将管道热处理过程作为焊接动火作业的一个环节对待，共同办理动火安全作业票，即动火作业的时间应包括焊接及管道热处理的时间。

5. 现场已经停工，物料、介质均没有，装置已经过置换，此时进行动火作业是否还需要办理动火安全作业票？

需要。GB 30871—2022 第 5. 1. 4 条规定“生产装置或系统全部停车，装置经清洗、置换、分析合格并采取安全隔离措施后，根据其火灾、爆炸危险性大小，经危险化学品企业生产负责人或安全管理负责人批准，动火作业可按二级动火作业管理”。

6. 叉车、汽车、吊车等汽柴油驱动设备进入防爆区时，安装了阻火器是否还需要办理动火安全作业票？

叉车、汽车、吊车等汽柴油驱动的车辆虽然排气筒处设置了火星熄灭器，但车辆发动机在运转时会产生高温表面，叉车、汽车、吊车等汽柴油驱动的车辆驶入易燃易爆场所应按动火作业管理。在易燃易爆场所内频繁进出作业的叉车应按照相关标准要求选择防爆叉车。

对于常规经常进出易燃易爆场所(如危险化学品装卸栈台)的危险化学品运输车辆等，企业应在相关操作规程中做出安全要求，明确进入前的安全条件并落实、确认，可不按动火作业管理，不需办理动火安全作业票。

7. 在 10m 范围内对不同管线使用非防爆电钻进行保温作业，需要分别办理动火安全作业票吗？

使用非防爆电钻进行保温作业，重点关注的是电钻可能产生的火花、高温引发火灾爆炸的风险，与保温作业所在的管线无直接关系。10m 范围内对不同管线使用非防爆电钻进行保温作业可办理一张动火安全作业票。

8. 用锂电池手电钻搭脚手架过程算动火作业吗？

在危险化学品企业禁火区内使用非防爆手持工具作业属于动火作业。

9. 用 12V 的锂电池手电钻在防爆区域进行管线保温，保温外壳为铝皮，属于动火作业吗？若是长距离作业，需要开多张动火安全作业票吗？每张动火安全作业票的有效范围是多少？

在危险化学品企业禁火区内使用非防爆的电气设备都属于动火作业。每个动火点的范围是动火点周围 10m 的范围。

10. 正常生产期间，使用手电钻打孔，需要办理动火安全作业票吗？

在危险化学品企业禁火区内使用非防爆手电钻，或使用防爆手电钻但打孔可能产生火花或高温的，均属于动火作业，作业前应严格按程序办理动火安全作业票。

11. 有企业将在易燃易爆场所使用非防爆电气设备的作业按动火作业管理，在易燃易爆场所使用非防爆电气设备必须办理动火安全作业票吗？

在危险化学品企业禁火区内使用非防爆电气设备的非常规作业，因可能会产生电火花、炽热高温表面，应视为动火作业管理。企业在易燃易爆场所内使用非防爆电气设备实施非常规作业时，如果作业不涉及使用电焊机、角磨机等可能产生明火、火花的动火作业时，可不必办理动火安全作业票，而办理临时用电安全作业票。临时用电安全作业票中有可燃气体分析栏，开展临时用电作业前，应进行可燃气体分析并合格后方可送电并实施相关作业。

12. 使用手锯切割螺栓属于动火作业吗？手锯切割螺栓产生热量较小，需不需要按照动火作业管理？

手工锯割螺栓时会产生局部的高温，由于部分介质点火能量较低（如氢气的最小点火能量是0.02mJ），手工锯割产生的能量足够达到其点火能量。企业应基于实际作业前辨识出的风险，在确实可能会散发点火能量较低可燃气体的场所实施手工锯割时，来确定是否需要按照动火作业管理。

13. 10m范围内不同类型的动火作业，如动焊、破土，使用电动工具，需要办理几张安全作业票？

10m范围内不同类型的动火作业需要办理几张动火安全作业票要考虑动火作业涉及多少项检修活动，而不是考虑在多大的范围内、有多少种动火方式。同一项检修活动要涉及多种动火方式的，可只办理一张动火安全作业票，在安全作业票中的“动火方式”一栏写明可能涉及的所有动火方式。同一地点，但不是同一项检修活动的，则应分别办理动火安全作业票。

14. 同一个管道在两个受限空间内，受限空间内物质相同，办理动火安全作业票时是否可以办理一张？

不可以。同一个管道虽然内部介质相同、受限空间内物质相同，但不同的受限空间内环境不尽相同，在受限空间内进行动火作业时，所涉及的作业风险也不尽相同，因此企业在进行动火作业前应全面辨识作业环境及作业过程中可能产生的安全风险并制定针对性的管控措施，分别办理安全作业票。

15. 在进行动火作业时，每个动火点都需要办理一张动火安全作业票并安排一名监护人监护吗？例如某车间停产检修，同时存在多个动火点，可否通过办理一张动火安全作业票进行作业？

作业时每个检修活动(作业活动不能跨越不同的作业区域)应分别办理一张动火安全作业票，设监护人监护，一个检修活动可能会涉及不止一个动火点。不属于同一项检修活动的不同动火点不应办理同一张动火安全作业票。

生产装置停产检修期间，同样应执行如上的要求。

16. 使用电焊机作业时，电焊机与动火点的间距超过10m，不能满足要求时应将电焊机作为动火点进行管理。电焊机处需要再办理另外一张动火安全作业票吗？需要单独设置监护人吗？

GB 30871—2022 规定使用电焊机作业时，电焊机与动火点的间距不应超过 10m，不能满足要求时应将电焊机作为动火点进行管理。其主要目的是排除电焊机周围可燃气体含量不达标的情况，避免电焊机工作时产生的电火花引燃附近的可燃气体。

如果电焊机距离动火点超过了 10m，则应将电焊机视为另外一个动火点，需要在电焊机 10m 范围内进行可燃气体分析，但不需要单独再办理另外一张动火安全作业票，即在同一张动火安全作业票中，同时记录动火点及电焊机周边的可燃气体分析结果。电焊机也不需要单独再设置监护人。

17. 假如距离一动火作业点7m处有电焊机及普通开关箱，12m处有喷漆作业（电焊机、开关箱距喷漆作业5m），按照GB 30871—2022的要求电焊机可以不作为动火点管控吗？

电焊机及普通开关箱与动火点距离7m，则电焊机、普通开关箱、动火点合并视为一个大的动火点。因此，喷漆作业距离该含电焊机、开关箱的动火点5m，根据GB 30871—2022第5.2.9条“在动火点10m范围内、动火点上方及下方不应同时进行可燃溶剂清洗或喷漆作业”的要求，不允许同时作业。

18. GB 30871—2022要求使用电焊机作业时，电焊机距离动火点超过10m时按照动火点进行管理，这个10m是指什么距离？如果在高处进行作业，10m是动火点的投影点距电焊机10m，还是动火点和电焊机两点的直线距离？

一般情况下，电焊机与动火点的距离是指同一水平面的距离。如果动火点与电焊机不在同一水平面，二者之间的距离则指电焊机与动火点的直线距离。

19. GB 30871—2022要求使用电焊机作业时，电焊机距离动火点超过10m时按照动火点进行管理，这个10m的数据当时修订的时候是怎么来的？

在2014版和2022版的GB 30871中，均有“应在不小于动火点10m范围内进行动火分析”的要求，这就是“电焊机距离动火点超过10m时按照动火点进行管理”的依据。

20. GB 30871—2022 第 5.5.2 条 e) 中的"生产装置区"是指在生产区域内的生产工艺装置区域，还是指在生产区域内的其他非生产工艺装置的辅助用房？（生产区域内，有生产工艺装置，动力设施车间和类似机修间、五金仓库等辅助性用房。）

"生产装置区"可以参考 GB 50160 中关于装置区的定义：由一个或一个以上的独立装置或联合装置组成的区域。精细化工企业的装置区的边界可按照装置(车间)或联合装置(车间)最外沿的连线来确定。生产装置区内的固定动火区，可以理解为与甲、乙类火灾危险性生产装置相邻但满足距离 30m 等要求的固定动火区，该固定动火区可以设置在生产工艺装置区域，也可以设置在机修间等辅助性用房内。

21. GB 30871—2022 要求固定动火区不应设置在火灾爆炸危险场所，距离火灾爆炸危险场所的厂房、库房、罐区、设备、装置、窨井、排水沟、水封设施等不应小于 30m，位于生产装置区的固定动火区应设置带有声光报警功能的固定式可燃气体探测报警器。固定动火区本身设在非火灾爆炸危险场所，是否还需要设置可燃气体探测报警器？固定动火区位于丙、丁、戊类厂房内是否还需要设置可燃气体探测器？

"位于生产装置区的固定动火区"是指该固定动火区与可能散发可燃气体的生产装置相邻，但距离不小于 30m，设置带有声光报警功能的固定式可燃气体探测报警器是为了检测相邻生产装置意外情况下泄漏并扩散到固定动火区的可燃气体。固定动火区位于丙、丁、戊类厂房的，如果固定动火区与可能散发可燃气体的生产装置相邻，且生产装置泄漏的可燃气体可能会扩散到固定动火区的，也应设置可燃气体探测器。

22. 甲$_A$类储罐区以外30m可以设置固定动火区吗？

依据GB 30871—2022第5.5.2条的要求，设置在甲$_A$类储罐区全年最小频率风向的下风或侧风方，并与甲$_A$类储罐区及其他火灾爆炸危险场所满足防火间距要求，距火灾爆炸危险场所的厂房、库房、罐区、设备、装置、窨井、排水沟、水封设施等不小于30m处，可以设置固定动火区。但同时应按第5.5.2条的要求，固定动火区内应设置带有声光报警功能的固定式可燃气体检测报警器。

23. 生产装置区的明火设备区域是否可按固定动火区进行管理，在该区域内动火是否需要办理动火安全作业票？

危险化学品企业生产装置区的明火设备属于直接产生明火的工艺设施，可不纳入动火作业管理。但明火设备区域为生产设备区域，不应将该区域设置或视为固定动火区，在该区域进行动火作业，应按GB 30871—2022的要求办理动火安全作业票。

24. 在全厂大检修循环水凉水塔技术改造中，循环水凉水塔内的介质已排空，距离最近的火灾爆炸危险区域大于30m，设置固定式可燃气体报警仪等，满足GB 30871—2022第5.5条对固定动火区的管理要求，是否可以将该区域设置为固定动火区？

问题描述中没有说清楚对凉水塔技术改造时，凉水塔内可燃性构件是否已经拆除。如果凉水塔内可燃性构件没有拆除，则不能按固定动火区管理。如果凉水塔内可燃性构件已经拆除，作业区域内其他所有可燃物全部清除，且满足固定动火区要求的，可以设置临时固定动火区。

25. 在生产装置区内设置了一个临时性(比如3个月)的固定动火区，是否需要设置带有声光报警功能的固定式可燃气体检测报警器？用便携式可燃气体检测仪代替是否可行？

位于生产装置区的固定动火区应设置带有声光报警功能的固定式可燃气体检测报警器，主要是考虑位于生产装置区的固定动火区尽管距离生产装置较远，但仍有可能有易燃易爆气体扩散过来积聚在固定动火区内。因固定动火区内经常存在点火源，因此特别要求在固定动火区应按照规范要求装设可燃气体检测报警装置。

与生产装置区相邻的临时固定动火区建议设置固定式可燃气体检测报警器。不具备条件的，应配备便携式可燃气体检测仪，在动火作业期间连续检测。

26. 在运行状态下的易燃易爆装置区内，管道已经断开并置换吹扫分析合格，需要按特级动火管理吗？

在运行状态下的易燃易爆装置区内，某设备或管道与其他设备设施实施了有效隔离，且经置换、吹扫、分析合格，在该设备或管线上的动火作业可按一级动火作业管理。

27. 液氯储存区，属于一级危险化学品重大危险源，动火作业需要开具哪一级别动火安全作业票？

氯本身不具备燃烧性，但具有助燃性，会增大燃烧的危险性，液氯储存区火灾危险性为乙类。同时液氯剧毒，且液氯储存区构成了一级危险化学品重大危险源，处于正常运行状态下的液氯储存区内所有动火作业均应按特级动火作业进行管理。

28. 氯气气化室动火作业是否需要办理动火安全作业票？以及需要做什么气体分析？

氯火灾危险性分类为乙类，其具有助燃和氧化性，会增大燃烧的危险性。涉氯场所(不涉及其他可燃介质的)动火作业时应参照火灾爆炸危险场所进行管理，落实相关安全措施，应办理动火安全作业票。气体分析对象应为该区域内可能存在(周边区域可能扩散过来)的某种可燃气体，如不能明确气体的具体类别，在动火作业票中的“代表性气体”一栏可填写“可燃气体”。

29. 氧化剂储存场所需要按一级动火管理吗？

依据 GB 50016《建筑设计防火规范》，氧化剂储存场所属于甲、乙类火灾危险性场所，即为火灾爆炸危险场所，在该场所内涉及工艺介质的设备、管道上动火为特级动火作业，其他动火为一级动火作业。

30. 在运行状态下的乙酸罐区、硝酸罐区内进行动火作业，需要按特级动火作业来管理吗？

GB 30871—2022 第 5. 1. 2 条规定“存有易燃易爆介质的重大危险源罐区防火堤内的动火作业”为特级动火作业。乙酸为易燃液体，乙酸罐区如果构成了重大危险源，则在运行状态下的罐区防火堤内的动火作业全部为特级动火作业。硝酸为氧化剂，不属于易燃易爆介质。硝酸罐区火灾危险性为乙类，未构成重大危险源的乙酸罐区和硝酸罐区涉及工艺介质的设备和管道上的动火为特级动火，其他动火为一级动火。

31. 在不涉及易燃易爆介质的重大危险源的罐区内进行动火作业，按几级动火作业管理？

GB 30871—2022 第 5. 1. 2 条规定“存有易燃易爆介质的重大危险源罐区防火堤内的动火作业”为特级动火作业。如果重大危险源罐区不涉及易燃易爆介质，则应按罐区储存介质的性质依据相关标准来确定罐区是否为火灾爆炸危险场所，并按 GB 30871—2022 第 5. 1. 2~5. 1. 4 条的规定来确定罐区内动火作业的级别。罐区内动火作业可按二级动火作业管理。

32. 一个罐组因为易燃易爆介质危险化学品构成了重大危险源，同时罐组内还有丁、戊类储罐，如果在罐组内其他的丁、戊类储罐动火，是否还是特级动火？

按 GB 30871—2022 第 5. 1. 2 条的规定，特级动火作业包括存有易燃易爆介质的重大危险源罐区防火堤内的动火作业。依据 GB 50160《石油化工企业设计防火标准》，罐组是指布置在一个防火堤内的一个或多个储罐。如果这个罐组确认为易燃易爆介质重大危险源，则罐组防火堤内所有动火作业全部为特级动火作业，这肯定也包含了包括罐区内其他火灾危险类别储罐的有关动火作业。

33. 存有易燃易爆介质的重大危险源罐区防火堤内的动火作业为特级动火作业，重大危险源罐区防火堤外多远动火作业按一级动火作业对待，多远按二级动火作业对待？

GB 30871—2022 第 5. 1. 2 条规定“存有易燃易爆介质的重大危险源罐区防火堤内的动火作业”为特级动火作业。企业应首先根据实际情况确定重大危险源罐区防火堤外区域是否属于火灾爆炸危险场所，并根据特级、一级、二级动火作业定义确定相应的动火作业等级。动火作业等级与重大危险源罐区防火堤的距离无直接关系。

34. 甲、乙类正在生产的装置内，由于一个反应釜夹套蒸汽短节需要使用电焊进行更换，该釜经清洗置换合格，注满清水，周围采用彩钢与周边存有易燃易爆物料的设备进行了隔离，彩钢的缝隙用防火材料封堵，此时是办理特级动火安全作业票还是一级动火安全作业票？

在运行状态下的甲、乙类生产装置内，如果反应釜等设备与其他生产设备进行了有效隔离，并采取了置换、清洗等措施，可燃气体分析合格，动火作业可按一级动火作业管理。

35. 生产装置区属于火灾爆炸危险性场所，装置处于运行状态下，在水泥地上打孔属于几级动火作业?

依据 GB 30871—2022 中关于特级动火作业、一级动火作业的界定范围，在火灾爆炸危险场所内不涉及工艺介质的设备、管道上的动火作业为一级动火作业。在水泥地上使用非防爆电气设备打孔，作业过程中可能会产生机械火花，属于一级动火作业。

36. 在企业甲类罐区(非重大危险源罐区)防火堤内进行地面支架固定，使用电锤作业，是否可以按一级动火作业进行?

GB 30871—2022 第 5.1.3 条规定“在火灾爆炸危险场所进行的除特级动火作业以外的动火作业”属于一级动火作业。企业在未构成重大危险源的甲类罐区内进行地面支架固定，使用电锤作业，属于一级动火作业。

37. 所属动火作业区域内不涉及易燃易爆气体、液体、粉尘，未构成重大危险源，管道里面只是单纯的水、蒸汽介质。这种情况下，在管廊上工艺介质(蒸汽、水)管道上的直接动火作业，必须按特级动火作业管理吗?

按照 GB 30871—2022 第 5.1.3 条的规定，管廊上的动火作业按一级动火作业管理。如果管廊处于非火灾爆炸危险场所，且管廊上无易燃介质管道，管廊上进行的动火作业属于一级动火作业。

38. 在管廊下方动火作业属于几级动火作业？

管廊上敷设易燃易爆介质管线的，管廊下方应视为火灾爆炸危险场所，在管廊下方空间内动火作业（非涉及工艺介质的设备、管线上的动火作业）可按一级动火作业管理。如果管廊上未敷设易燃易爆介质管线，且动火区域不属于火灾爆炸危险场所，则管廊下方动火作业可按二级动火作业管理。

39. 管廊上面其中一条工艺介质管线置换合格（其他管线未置换），且该管线与其他管线、设备已做好安全隔离，在该管线上的动火作业属于一级动火作业还是特级动火作业？在火灾爆炸危险场所处于运行状态下的生产装置内，如果要进行动火的管道、设备已停用且置换合格，与其他运行的管道、设备进行了盲板隔离，该动火属于一级动火作业还是特级动火作业？

如果管廊上面其中一条工艺介质管线已经置换合格并与其他管线隔挡，则该管线上动火作业可按一级动火作业管理。如果火灾爆炸危险场所内某设备、管道已经置换合格并与其他设备设施隔离，则该设备、管道上的动火作业可按一级动火作业管理。

40. 所有特级动火作业都要制定作业方案吗？节假日、公休日、夜间或其他特殊情况，升级管理后为特级，都要制定作业方案吗？

按照 GB 30871—2022 要求，所有特级动火作业均应预先制定作业方案，落实安全防火防爆及应急措施。对于节假日、公休日、夜间或其他特殊情况，升级管理后为特级动火作业的，也应按照标准要求，预先制定作业方案，明确特殊时段特级动火作业的安全措施和应急措施。

41. 节假日二级动火安全作业票升级管理后是完全按照一级动火安全作业票进行管理吗？需不需要编制方案，还是审批签字人员升级就行？

节假日二级动火作业应升级为一级动火作业进行管理，升级管理的方式有两种：一种是在原安全作业票上进行直接升级管理，即由一级动火安全作业票的审批人对作业安全措施进行全面的再审核确认后，在动火安全作业票上签署意见、姓名和时间；另一种是直接办理一张一级动火安全作业票。对于一级动火作业，GB 30871—2022 没有提出制定相应作业方案的要求。以上内容企业应在有关管理制度中做出明确规定。

42. GB 30871—2022 规定企业固定动火区外动火作业分为特级动火、一级动火和二级动火三个级别，遇节假日、公休日、夜间或其他特殊情况，动火作业应升级管理。企业星期六正常上班，星期日休息，安全管理人员未缺失，是否需要升级？

全国通用的“公休日”是指星期六、星期日。企业不执行全国通用“公休日”的，则企业自定的休息日为该企业的“公休日”，比如企业自定星期六正常工作、星期日休息，则星期日为企业的“公休日”，在星期日动火作业应实施升级管理，在星期一至星期六动火作业不需升级管理。企业自定休息日的，应在本单位有关文件中做出明确规定。

43. 有的地方文件要求节假日期间动火作业一律按特级动火作业办理，请问企业应该执行国家标准还是地方政府文件要求？

GB 30871—2022 第 5.1.1 条规定“遇节假日、公休日、夜间或其他特殊情况，动火作业应升级管理”，主要是考虑在节假日、公休日期间部分技术、管理岗位人员不在岗，可能会导致某些方面的技术管理及应对突发状况力量不足，同时企业员工在节假日、公休日等时间段内工作时容易出现倦怠、疲劳心理和疲惫状态，作业风险相对较高，为有效管控风险，故要求节假日期间开展动火作业要升级管理。

GB 30871—2022 的要求是企业必须执行的，是保障动火作业安全的最低要求，企业或地方可制定严于强制性国家标准要求的企业标准或地方标准，若地方政府文件的要求严于强制性国家标准要求，企业在满足强制性国家标准要求的基础上还需执行地方政府文件的要求。

44. 如果企业未按法定的节假日放假，或者放假天数少于法定节假日天数，按照 GB 30871—2022，企业应该按实际放假天数进行升级管理，还是按法定的节假日天数升级管理？

节假日时间按企业实际的放假时间来核算，企业应在有关文件（或通知等）中明确本单位的节假日放假时间安排。遇全国的法定节假日但企业正常上班的时间，动火作业不需进行升级管理。

45. GB 30871—2022 规定，动火作业遇节假日、公休日应升级管理，对于公休日是怎么定义的？遇星期六、星期日有相应人员（专职安全人员、车间主任、公司分管领导等）带班值班，是否可以在公司制度中明确，公休日（星期六、星期日）不需升级管理？

对于一般企业，公休日就是星期六、星期日。企业在星期六、星期日安排相关人员带班值班，那就说明企业在星期六、星期日同其他企业一样，管理岗位人员并非全部在岗，这就是公休日，在此期间的动火作业应升级管理。

46. 若生产装置全面停车、置换、吹扫、分析合格后检维修期间涉及节假日、公休日、夜间时，动火作业是否需要升级管理？

若生产装置全面停车、置换、吹扫、分析合格后检维修期间的夜间，动火作业需要升级管理。如果在检修期间跨越节假日、公休日的，企业有明确要求在节假日、公休日与生产有关的生产、设备、安全、工艺、应急等专业管理部门不休息正常上班，则检修期间的节假日、公休日动火作业可以不需升级管理，否则应升级管理。

47. 车间构成了重大危险源，在检修期间系统全部停车，相关设备全部排空、吹扫、隔离完毕后，经过生产和安全负责人审批之后，动火作业可以按照二级动火作业管理，在周末需升级为一级动火作业管理吗？

GB 30871—2022 第 5.1.4 条规定“生产装置或系统全部停车，装置经清洗、置换、分析合格并采取安全隔离措施后，根据其火灾、爆炸危险性大小，经危险化学品企业生产负责人或安全管理负责人批准，动火作业可按二级动火作业管理”。无论是生产装置还是系统抑或罐区满足以上条件的，动火作业都可按二级动火作业管理，并按 GB 30871—2022 第 5.1.1 条的要求，遇节假日、公休日、夜间或其他特殊情况，二级动火作业需升为一级动火作业管理。如果在检修期间遇节假日、公休日，企业有明确要求在节假日、公休日与生产有关的生产、设备、安全、工艺、应急等专业管理部门不休息正常上班，则检修期间的节假日、公休日动火作业可以不需升级管理。

48. GB 30871—2022 中关于夜间动火升级管理的要求，例如从 14 时开始作业，一直到 20 时才结束。18 时开始算夜间，是否需要在 18 时重新办理安全作业票升级管理？高处作业有无遇节假日等升级管理的要求？

针对这种情况，可以不必重新办理动火作业票，而是在原动火作业票的基础上实现作业升级管理，即由升级后的安全作业票审批人到作业现场对各项安全措施及新增加的安全措施（如照明等）进行检查确认后，在原动火作业票上签署意见，即完成作业升级管理。

GB 30871—2022 未对高处作业遇节假日做出升级管理的要求。

49. 动火作业在夜间要升级管理，和二级动火安全作业票 72h 的有效期是不是冲突？

不冲突。有些不需要在晚上进行的二级动火作业，可以连续作业 3 个白天。有些二级动火作业需要晚上也连续作业，那么到晚上可以在原安全作业票上升级，升级作业时间达 8h，应重新办理新的动火作业票。

50. 二级动火作业在晚上采取原动火安全作业票的基础上升为一级动火作业管理后，一级动火安全作业票的有效期是从二级动火作业开始算起，还是从升为一级动火安全作业票时算起？晚上升级管理时一级动火安全作业票审批人已下班，此时能否由当天 24h 值班的值班干部完成升级后安全作业票的审批？

二级动火作业在晚上在原动火安全作业票的基础上升为一级动火作业管理后，原二级动火安全作业票变为一级动火安全作业票，其有效期则相应地由 72h 变更为 8h。升级后的一级动火安全作业票的有效期应从升为一级动火安全作业票时算起。

在夜间、节假日，企业公司级(厂级)值班人员、车间级值班人员可以行使特级动火作业、一级动火作业、二级动火作业相应层级的审批权限，但各级值班人员应具备安全作业票的审批能力。

51. 动火作业采用电子安全作业票的，如何实现升级管理?

动火作业的升级管理可采用两种方式：一是在原动火安全作业票上通过安全措施升级、审批人升级来实现作业的升级管理，二是办理升级后的动火安全作业票。对于采用电子安全作业票的，实现以上两种方式的升级管理即可。

52. 在火灾爆炸危险场所开展动火作业，临时配电箱必须是防爆的吗?

配电箱防爆要求是为了控制火灾爆炸危险区域的点火源(点火能量)。GB 30871—2022 第 10.6 条 a)规定“火灾爆炸危险场所应使用相应防爆等级的电气元件，并采取相应的防爆安全措施”。但在实际工作中，在防爆区内进行动火作业的临时配电箱等有关电气设备可以使用不符合防爆等级要求的电气设备，这种情况下，则应将非防爆的电气设备视为动火点，如果非防爆电气设备距离动火点(电焊处)超过了10m，则应在非防爆电气设备周围 10m 范围内进行可燃气体检测，分析合格后方可进行动火作业。

53. GB 30871—2022 第 5.2.13 条提到应采取防晒措施，氧气瓶和乙炔气瓶是否都要采取防晒措施?

氧气瓶和乙炔气瓶在室外露天放置且可能会被太阳直晒时，均应采取防晒措施。

54. 动火作业中视频采集设备需要有实时回传的功能吗?

GB 30871—2022 第 5.2.11 条规定“特级动火作业应采集全过程作业影像”，但未对是否具有实时回传功能做出要求。标准规定特级动火作业要全程视频采集的主要目的，一是企业可通过查看各基层单位动火作业实施过程的视频来剖析企业特殊作业管理环节存在的问题，查找不足，以提高安全管理水平；二是属地负有安全监管职责的部门也可对企业的动火作业开展不定期的抽查检查，督促企业强化主体责任落实，做好动火作业环节的风险管控；三是一旦在动火时发生事故，视频材料也可以用于分析查找事故原因，吸取教训。只要企业能实现特级动火作业视频采集功能，且作业过程影像记录能至少留存一个月就可以，是否具备实时回传功能由企业结合实际情况自行决定。

55. 在隔绝、置换吹扫后的设备管道上的动火作业需要保持微正压吗?

GB 30871—2022 规定在设备或管道上进行特级动火作业时，设备、管道应保持微正压，在隔绝、置换吹扫后的设备管道上动火，按照一级动火作业管理，未强制要求设备或管道保持微正压。

56. 动火作业涉及一种气体既可燃也有毒，应该做哪方面的检测呢?

动火作业活动应重点管控的危险有害因素是火灾、爆炸，所以相应地应重点关注作业过程中可能涉及介质的可燃性。如果一种介质既可燃又有毒，动火作业前应进行可燃气体检测。同时在作业过程中也应做好防止作业人员中毒的相关防护措施。

57. 如果需要在管道外部进行打磨除锈防腐作业，是否必须要对管线吹扫干净，并分析管线内部的气体含量？

这要看具体情况。如果管道内可能会形成爆炸性混合气体环境，且打磨除锈可能产生足以引爆爆炸性混合气体的热量，则应进行吹扫、分析。这需要在作业前进行全面的风险辨识和分析，确认是否可能会存在以上风险。

58. 在管道、储罐、塔器等设备外壁上动火，应检测设备内气体含量。这一条包括带压不置换动火吗？

GB 30871—2022 第 5.3.1 条 b）规定“在管道、储罐、塔器等设备外壁上动火，应在动火点 10m 范围内进行气体分析，同时还应检测设备内气体含量；在设备及管道外环境动火，应在动火点 10m 范围内进行气体分析”。本条款规定的在管道、储罐、塔器等设备外壁上动火不包括带压不置换动火，故带压不置换动火不需要检测设备内的气体含量。但如果管道、储罐、塔器等设备内存在爆炸性介质或遇热能分解发生爆炸的介质时，严禁在外壁进行带压不置换动火。

59. 一级动火作业气体检测是需要 2h 检测一次吗？还是工作前检测就可以了？二级动火作业，每天只要动火前检测一次就可以吗？

GB 30871—2022 中没有明确要求一级动火作业连续检测或每 2h 检测一次。一级、二级动火作业在作业前 30min 内进行气体分析合格即可作业，如果作业中断，要执行“特级、一级动火作业中断时间超过 30min，二级动火作业中断时间超过 60min，应重新进行气体分析”。

60. 进行二级动火作业前需要进行检测分析吗？

二级动火作业是指危险化学品企业禁火区内除特级动火作业和一

级动火作业以外的动火作业。二级动火作业前仍需要进行可燃气体分析。一般情况下二级动火作业的区域发生可燃气体燃爆的风险相对较小，二级动火作业进行可燃气体分析的目的主要有：一是检测是否有从周边区域扩散过来的可燃气体，二是检测因认知不到位等导致风险分析不准确而可能潜在的可燃气体。

61. 如何确定爆炸性粉尘环境中动火作业的可燃性粉尘分析合格指标？

GB 30871—2022 中没有对爆炸性粉尘环境动火作业分级提出明确要求，企业可根据实际作业前辨识出的风险情况自行确定动火作业分级。同时该标准也没有给出粉尘环境下特殊作业粉尘浓度合格的标准，未对可燃性粉尘环境动火作业前需要做粉尘浓度分析做出明确要求。按照 GB 15577—2018《粉尘防爆安全规程》要求，在具有火灾爆炸性粉尘环境下动火作业前，应清除动火作业场所 10m 范围内的可燃性粉尘并配备充足的灭火器材，动火作业区段内涉粉作业设备应停止运行，动火作业的区段应与其他区段有效分开或隔断并加强通风。同时要采取增湿等措施，尤其是要关注粉尘容易积聚的部位，避免形成爆炸性粉尘环境。另外，作业人员正确佩戴个体防护用品，穿防静电工作服。

62. 如果企业动火作业现场涉及的物料火灾危险性为丙$_B$，则进行可燃气体分析时，如何确定代表性气体？对于涉及混合气体（例如煤气）的场所，可燃气体分析时如何确定代表性气体？

对于非甲、乙类火灾危险性场所，一般较难确定具体的某种可燃气体，对此可采用检测对象为可燃气体的测爆仪等进行分析，在动火安全作业票中“代表性气体”栏可填写“可燃气体”。

对于涉及煤气等混合气体的场所，进行可燃气体分析时，如果使用检测对象为可燃气体的测爆仪，则代表性气体可填写“煤气等混合气体”；如果使用检测对象为单一介质的气体分析仪，代表性气体可选择混合气体中含量较多的几种典型气体，比如煤气中一般氢气、一氧化碳含量较高，代表性气体可填写“氢气”和“一氧化碳”。

63. GB 30871—2022 第 5.3.2 条 a）规定“当被测气体或蒸气的爆炸下限大于或等于 4%时，其被测浓度应不大于 0.5%（体积分数）”。如一氧化碳爆炸下限是 12.5%，甲烷爆炸下限是 5%，它们都是不能超过 0.5%吗？如果折算成 ppm，有换算公式吗？

一氧化碳爆炸下限是 12.5%，甲烷爆炸下限是 5%，都属于爆炸下限大于或等于 4%，其被测浓度合格标准应不大于 0.5%（体积分数）。0.5%（体积分数）与 ppm 都是体积分数，体积分数×10000 即为 ppm 数值，即 0.5% = 0.5×10000 = 5000ppm。

64. GB 30871—2022 规定“气体分析取样时间与动火作业开始时间间隔不应超过 30min”，但在日常管理中，经常遇到这两个时间是一个时间，这样可以吗？

正常情况下，在气体取样后，要经过多人对现场安全措施的检查确认和对安全作业票的审核、批准，所以气体分析取样时间与作业开始时间一般不会相同。

65. 动火安全作业票中“气体分析结果”一栏必须有可燃气体分析合格标准限值这一项内容吗？

GB 30871—2022 中没有明确要求动火安全作业票中必须明确可燃

气体分析合格标准，企业可自行确定是否要在动火安全作业票中设置可燃气体分析合格标准，但企业应在相关制度中明确可燃气体分析合格标准。

66. 电气、仪表间的动火作业也需要工艺人员监护吗？

在危险化学品企业电气配电室、仪表机柜间等非工艺生产场所内进行动火作业，一般不会涉及工艺车间的相关设施，作业过程中由电气、仪表所在单位安排监护人即可。

67. 监护人可以作为动火分析人吗？GB 30871—2022 要求“监护人应由具有生产（作业）实践经验的人员担任”，生产（作业）实践经验的人员一般指哪些人？

“具有生产（作业）实践经验的人员”一般是指在危险化学品企业各生产车间从事过生产操作及特殊作业的相关人员。标准中没有对哪些人员可以担任特殊作业监护人、作业气体分析人做出具体的要求。只要是相关人员具备了监护人和作业气体分析人的能力，都可以从事相应的工作。如果监护人接受了作业气体分析的培训，掌握了气体分析的方法，可以担任气体分析人员。

68. 某企业管理制度规定一级动火审批人为安全管理部门负责人，在安全作业票上有所在单位意见、安全管理部门意见，安全管理部门负责人在“安全管理部门意见”栏签字后，还需要签署动火审批人意见吗？

一级动火安全作业票审批时，批准人可以在“安全管理部门意见”栏签字，或者在“动火审批人”栏签字，不必两栏全部签字。同理，二级动火作业票审批时，审批人可以在“所在单位意见”栏签字，或者在

“动火审批人意见”栏签字，不必两栏全部签字。当然两栏全部签字也可以。

69. 某企业制度规定：二级、一级动火作业由所在车间主任审批，特级动火作业由生产副总审批。这样可以吗？

GB 30871—2022 的附录 A、附录 B 均是资料性附录，供企业参考，不是强制性要求。企业可以自行规定各级作业的审批人。问题中提到的“二级、一级动火作业由所在车间主任审批，特级动火作业由生产副总审批”不违反规范的要求。但建议企业参考附录 B 的要求，一级动火安全作业票由安全管理部门批准。

70. GB 30871—2022 附录 B 中要求特级动火作业审批人是主管领导，主管领导的定义是什么？有的地方标准要求是企业总经理审批特级动火，这与 GB 30871—2022 要求冲突吗？

GB 30871—2022 附录 B 中的主管领导、主管厂长是指企业主管某一专业(如安全、设备、生产、技术、电仪等)的行政副职，即企业各主管副总经理、副厂长，例如主管安全的副总经理、主管设备的副厂长等。如果地方标准提出了更加严格的要求，可执行地方标准。地方标准可以提出比国家标准更加严格的要求。

71. 一级动火作业审批部门是安全管理部门，安全管理部门的所有人都可以签批吗？

一级动火安全作业票由安全管理部门审批，实施审批的人不一定必须是部门的负责人，也不是安全管理部门的所有人员都可以审批，而是安全管理部门中具有批准安全作业票权限的人员都可以审批，企业根据实际情况自行确定各类特殊作业票的审核审批人员，并在有关制度中予以明确。

72. 企业各车间一级动火安全作业票较多，安全管理部门的管理人员工作忙，安全管理部门能把一级动火安全作业票证的审批人权限下放给车间安全员吗？

GB 30871—2022 附录 B 中各特殊作业票的审核、批准人是推荐性要求，企业可结合实际情况进行适当的调整或修改。如果企业的二级动火作业由所在单位的负责人批准，但一级动火安全作业票却由所在单位的安全员批准，安全作业票的层级管理不合理。特殊作业审批权限的原则是作业级别越高，审批人员的管理权限也相应越高。动火作业所在单位安全员的管理权限低于单位负责人，不能审批比单位负责人更高级别的动火安全作业票。

73. GB 30871—2022 中动火安全作业票有效期是以审批时间为起点吗？作业前当班班长要验票，班长是不是最后动火审批人？

依据 GB 30871—2022，各特殊作业票的有效期起始时间为安全作业票中的“作业实施时间”的开始时间，该时间可以与当班班长验票时间相同或略迟于当班班长验票时间。当班班长是在作业前对动火安全作业票进行检查的确认人，不是动火安全作业票的审批人。

74. 动火作业结束后，监护人去现场确认有无复燃情况，有时间规定要求吗？比如至少在现场观察 30min？

GB 30871—2022 中未提出作业结束后在现场进行观察的要求。企业在实际执行中，安全作业票中“完工验收”时间可与“作业实施时间”

的作业结束时间相同，或迟于“作业实施时间”的作业结束时间(一般在10min以内)。“完工验收”时间不应迟于“作业实施时间”的作业结束时间过长(如超过30min)，可在制度中明确相关要求。

75. 一级和特级动火作业票的有效期为8h，作业期间的中断时间(企业的制度规定和现场实际情况是11时30分至14时除岗位操作人员正常上班外其他所有人员都下班休息，没到上班时间进入不了生产区)计算在内吗?

一般情况下作业中断时间应包括在安全作业票有效期时间内，因作业是否会中断、中断多长时间都具有不确定性。

76. 如果倒班夜班班长下班前进行了验票，白天班长接班后是否需要重新开具特殊作业票，还是能够交接清楚后签字，安全作业票可以继续使用?

特殊作业过程跨越不同作业班组的，特殊作业监护人、班组长等与作业相关的人员在做好特殊作业相关工作交接的情况下，接班的特殊作业监护人在特殊作业票上签字后特殊作业可继续实施，不必重新办理安全作业票。涉及动火作业的，接班班长无须在安全作业票上签字。

77. 动火作业所在地点不归属车间，当班班长验票可以空白吗?

GB 30871—2022标准正文中未对动火安全作业票在作业前是否必须由当班班长验票做出明确要求，附录中的安全作业票样表供企业参考。如果动火作业所在地点不属于生产车间的区域，则动火前当班班长验票栏可不用填写或由其他有关人员填写。企业应在有关管理制度中对此做出明确规定。

78. 一张动火安全作业票对应一项检修活动，用于动火作业的临时用电安全作业票也要一张作业票对应一项检修活动吗？

是的。GB 30871—2022 第 10.8 条规定“用于动火、受限空间作业的临时用电时间应和相应作业时间一致”，主要是考虑动火、受限空间作业是相对风险较高的作业，这两项作业结束后，应及时拆除临时用电线路，以防止作业环境发生变化，临时用电线路及有关电气设备会引发人员触电、火灾爆炸等事故。为满足以上要求，临时用电安全作业票应与动火安全作业票保持对应关系，即一张作业票对应同一项检修活动。

79. 危险化学品企业厂区内使用非防爆的割草机割草，使用磨光机、砂轮、切割机等机械设备需办理动火安全作业票，作业人需要持有何种《特种作业操作证》？动火安全作业票中动火人证书编号如何填写？

动火作业包括若干种方式，依据《特种作业人员安全技术培训考核管理规定》（国家安全监督管理总局令第 30 号），只有动火作业中的“焊接与热切割”才属于特种作业，作业人员应取得相应的《特种作业操作证》。在危险化学品企业火灾爆炸危险场所内使用非防爆的割草机、磨光机、砂轮、切割机等设备属于动火作业，但不属于特种作业，使用这些设备的人员不需要取得《特种作业操作证》。不属于特种作业的动火方式，动火安全作业票中的动火人《特种作业操作证》编号不需要填写。

80. 新建项目施工现场的压力管道焊工人员，应该是持市场监管部门发的焊工证还是应急管理部门发的焊工证？

在危险化学品企业厂区内从事焊接与热切割作业，应取得应急管理部门颁发的焊接与热切割《特种作业操作证》。同时从事压力管道、压力容器等特种设备焊接人员，应再持有市场监督管理部门核发的焊工《特种设备作业人员证》。

81. GB 30871—2022 附录 B.1 安全作业票的区分中规定“有分级的特殊作业，安全作业票应根据特殊作业的等级以明显标记加以区分”。以动火作业为例，明显标记是在一张安全作业票证上，列出特级、一级、二级选项，还是需要按照三个等级分别编制不同的动火安全作业票呢？

GB 30871—2022 附录为资料性附录，供企业参考，非强制性要求。有分级的特殊作业，可以在安全作业票上，列出特级、一级、二级等选项，也可以按不同的等级分别编制各级别的安全作业票。采用哪种方式可由企业结合实际需要自行确定。

82. 二级动火安全作业票可以跨 4 天 72h 进行办票吗？

GB 30871—2022 规定二级动火安全作业票有效期不应超过 72h，可以跨 4 天办票。例如 8 月 8 日 14 时办票，有效期至 8 月 11 日 14 时。

83. 动火安全作业票中“动火作业实施时间”栏起、止时间由谁填写，作业审批人还是监护人？起、止时间段内，比如避开中午高温时间段 12~14 时停止动火作业，下午再继续动火前只需要重新对气体进行分析，还是要重新做风险分析或者重新办理动火安全作业票？

特殊作业票中的“动火实施时间”中起、止时间可由监护人或其他现场人员来填写，不一定是作业审批人。在动火作业票有效期内，动火作业中断后重新作业前，如果作业条件等未发生变化，按标准要求开展可燃气体分析合格后可继续作业，不需重新进行风险分析，也不需要重新办理安全作业票。

84. GB 30871—2022 提到，用于动火作业、受限空间作业的临时用电时间应和相应作业时间一致。如果只有电焊作业，动火的开始时间是焊工开始动火的时间还是三级配电箱送电的时间？作业结束时间是焊工停止动火的时间还是三级配电箱被停电的时间？

动火安全作业票中动火开始时间是焊工开始动火的时间；动火作业结束时间是焊工停止动火的时间。

临时用电与动火作业的时间一致，并非要求两项作业的开始时间与结束时间完全分秒不差，在实际工作中，前后相差几分钟的时间是允许的。

85. 动火安全作业票上的班长验票时间是在相关联的临时用电安全作业票作业开始时间之前还是之后？

GB 30871—2022 明确了动火作业前，需当班班长验票。当班班长验票的目的，一是起到告知的作用，当班期间在所辖生产区域内开展特殊作业，当班班长必须知晓，并对生产装置的运行情况以及可能对作业实施造成的影响有个预知、预判，做到心中有数，在发生险情时能及时采取应急措施；二是进一步核实确认作业风险已辨识、措施已落实、动火环境符合安全要求。当班班长在作业过程中具有知情权以及在紧急情况下的决策权，有责任在确保装置运行安全的前提下保证作业的顺利实施。

如果动火作业方式只限于使用电气设备的有关作业，则建议动火安全作业票上的班长验票时间在临时用电作业开始时间之前，主要是考虑当班班长在对作业现场进行全面检查确认后，再送电、再开始相关的动火作业。

86. 动火作业结束后，“完工验收”是由动火作业负责人和监护人一起验收？还是监护人和动火作业人一起验收，并在“完工验收”栏分别填写验收意见并签字？

GB 30871—2022 没有对特殊作业完工验收人做出明确要求。特殊作业结束后建议实施“双”验收，即作业结束后先后由作业单位人员和危险化学品企业的人员进行验收。危险化学品企业验收人员可以是监护人、班组长等，作业单位验收人可以是作业负责人也可以是作业人员。

87. 动火安全作业票一式三份在动火作业期间是都放作业现场公示，还是审批人、作业人、监护人分别保管？

GB 30871—2022 未明确特殊作业票各联该如何公示、保管等具体要求。企业保证在作业现场能随时查阅到安全作业票(包括电子票)即可，各联安全作业票不是必须全部都要在现场公示，作业结束后也不必各联安全作业票都要签署验收意见，企业可明确安全作业票的哪一联需要存档，存档联应签署作业完工验收意见，保证作业票填写完整、全面。相关要求企业应在本单位的有关管理制度中予以明确。

受限空间作业

1. 对于受限空间的界定，是进出受限、通风不良、可能存在有毒有害物质三条都满足才可界定，还是满足其中一个条件就可界定？如新建的池子，无有毒有害、易燃易爆气体，氧含量正常，是受限空间吗？

要基于风险分析来确定是否为受限空间，而不是单纯看满足哪几个条件。新建的池子是否属于受限空间要综合进行风险分析。如果新建的池子距离生产装置区较近，有可能积聚可燃有毒气体的、可能发生池壁塌方等事故的，应视为受限空间。

2. 作业人员的躯体、四肢如果长期在存在有毒有害物质的受限空间内，作业人员也会发生中毒事故，是否也要按照受限空间作业管理？

身体任何部位进入或探入受限空间，都应严格按照受限空间作业管理。躯体和四肢如果长期处在有毒有害环境的受限空间内，因气体扩散，作业人员很容易吸入有毒气体，发生中毒事故。因此，也应严格按照受限空间作业管理。

3. 如果厂区有新项目需要进行地基开挖，地基深度超过 1. 2m，地基开挖的作业是否为受限空间作业？

GB 30871—2022 第 11. 10 条规定“在生产装置区、罐区等危险场所动土时，遇有埋设的易燃易爆、有毒有害介质管线、窨井等可能引起燃烧、爆炸、中毒、窒息危险，且挖掘深度超过 1. 2m 时，应执行受限空间作业相关规定”。据此，对于以上问题，应评估新项目所在厂区的地下是否存在埋地管线或可能存在危险物质，或者距离生产装置区、罐区较近，可燃有毒气体可能扩散到施工处。如果存在以上情况，挖掘深度超过 1. 2m 应执行受限空间作业相关规定。

4. 如果是在厂区内，距离易燃易爆区 30m 以上有新建项目的受限空间怎么管理？

对于新建项目来说，如果还没有与原有系统进行连接，距离又相对较远，如经评估不存在可燃有毒介质串入的风险时，一般设备内作业可不按受限空间作业进行管理。如果受限空间内进行气割、喷漆、惰性气体保护焊接等可能影响作业环境的，应参照 GB 30871—2022 的要求，制定、落实相关受限空间作业安全措施。

5. 进入生产现场的分析小屋内作业属于受限空间作业吗？进入较封闭的场所进行日常巡检属于受限空间作业吗？

现场分析小屋内按照标准要求应设置可燃气体、有毒气体、氧含量检测报警器，并在入口处设置声光报警装置，一般不将生产现场的分析小屋视为受限空间。日常巡检属于常规性作业活动，所以也不把进入较封闭的场所进行日常巡检视为受限空间作业。企业在进行风险分析的基础上，进入分析小屋及进入较封闭的场所进行日常巡检人员应采取携带可燃、有毒气体检测报警仪、佩戴适用的个体防护用品等防范措施。

6. 如果在车间的一个地坑内有设备需要日常巡检，是不是每次巡检都要开具受限空间安全作业票？

如果地坑符合受限空间的条件，也确实可能存在有毒有害气体积聚，日常巡检也必须进入，巡检可以不视为受限空间作业，不办理受限空间安全作业票，但应参照受限空间作业管理要求，在安全操作规程和相关巡检制度中明确安全条件确认、相关气体检测的要求并佩戴好个人防护用品，并采用双人巡检，一人巡检一人监护。建议企业在此类受限空间内安装固定式氧含量、有毒气体探测器，在空间入口处设置声光报警装置。

7. 在地下水泵房或消防水泵房进行检修作业属于受限空间作业吗?

严格来说，这些泵房可能存在沼气或气体埋地管线、污水管线泄漏的风险，有可能存在有毒或可燃气体，同时，氧含量可能会偏低，存在中毒窒息的风险。因此，在这些地方进行检修作业，应按照受限空间作业进行管理。

8. $10\times10^4m^3$原油储罐，当浮船下降后，例如下降到2m液位，作业人员上去巡检，请问该空间是受限空间吗?

一般情况下，不将正常的巡检当作特殊作业来管理。储罐浮船下降后，如果在下降形成的空间内进行检修等非常规作业，则应按受限空间作业进行管理。

9. 有一个水池，深5m，全敞开式，其内是长江水，有一个能上下攀爬行走的斜梯。待水全部放空后，确保其内无可燃、有毒气体，在其内施工算受限空间作业吗? 受限空间的必要条件是什么? 是不是只要超过1.2m深的坑或者池都算受限空间?

敞开式水池如果长时间没有进行全面清理，池底可能会积聚污泥等，同时可能会在污泥中溶有硫化氢、甲烷等有毒、可燃气体，所以水池属于受限空间。

并不是所有超过1.2m深的坑或者池都算受限空间，受限空间的必要条件是空间内可能存在可燃、有毒气体，可能会对进入空间作业的人员造成伤害。深度超过1.2m且有可能积聚可燃、有毒气体的坑、池均应视为受限空间。

10. 消防阀门井，深1.2~1.5m，算受限空间吗？

深1.2~1.5m的消防阀门井应视为受限空间。如果人员头部不进入阀门井，只把手探入进行开关阀门等操作，则可不按进入受限空间作业对待。

11. 装置全部停工，全部工艺置换合格后还需要对受限空间单个隔离吗？

装置全部停工，全部工艺置换合格后单个受限空间应进行隔离。整套装置停车置换后，不能保证所有设备管线的盲端等处全部完成置换吹扫合格。

12. 经检测合格后，进入受限空间污水池作业，并佩戴空气呼吸器，还需要办理受限空间安全作业票吗？

进入污水池作业属于临时性的检修作业，应严格按照受限空间作业管理制度执行，办理受限空间安全作业票，这也是对现有风险控制措施的一次确认过程。

13. 企业在厂区内建设一处环保项目，正处于施工阶段，目前已建成两个20多米高的塔，塔体与周围介质/装置/设备均无相连的工艺管线（整个施工现场也是与周围环境相隔开），也不存在可燃、有毒有害的介质，塔内的介质为空气，内件施工安装需要进入塔内作业，工人进入塔内一层作业面施工，这样不存在其他可燃、有毒气体的情况下还需要办理受限空间安全作业票吗？如果需要办票，气体分析需要分析上、中、下部吗？

若建设项目距离现有可能散发可燃、有毒气体的生产装置较远（距离大于 30m)，则项目建设时期的作业活动不适用于 GB 30871—2022。建议：如果项目建设过程中塔等设备内部结构较复杂，则宜办理受限空间安全作业票，充分辨识受限空间内可能出现的机械伤害、物体打击、触电等事故后果，制定并落实相应的安全措施，视情况确定是否需要进行空间内气体分析。

14. 生产装置在正常生产过程中，反应塔裙座敞开式的人孔等处需要挂受限空间标识牌吗？

GB 30871—2022 第 6.9 条 f) 规定“停止作业期间，应在受限空间入口处增设警示标志，并采取防止人员误入的措施”。对于正常生产过程中的有关受限空间未明确设置安全警示标志的要求。

应急管理部办公厅《关于印发〈有限空间作业安全指导手册〉和 4 个专题系列折页的通知》(应急厅函〔2020〕299 号) 中要求：企业应对辨识出的有限空间作业场所，在显著位置设置安全警示标志或安全告知牌，以提醒人员增强风险防控意识并采取相应的防护措施。

依据以上规定，企业应在正常生产时、受限空间作业中断期间，在受限空间入口显著位置设置安全警示标志。

15. GB 30871—2022 规定“在受限空间内作业时，应配备相应的通信工具”。但很多简单的或较小的受限空间作业，监护人与作业人的距离很近，实际上靠喊话就可以实现，还有必要配备通信器材吗？

受限空间内作业时，是否需要配备通信工具，可根据作业现场实际情况做适当的调整，目的是管控作业时可能存在的风险。当受限空间是塔、储罐等较大的设备时，内部作业人员与外部监护人员不能通过正常喊话交流的，作业人员应配备相应的通信工具；如果受限空间较小或敞开式作业，作业人员与监护人员能通过正常喊话交流的，可不必配备相应的通信工具。

16. GB 30871—2022 第 6.9 条 d) 规定“接入受限空间的电线、电缆、通气管应在进口处进行保护或加强绝缘，应避免与人员出入使用同一出入口”。如果该受限空间仅有一个人孔或出入口，无其他开孔部位，怎么处理？“应避免”是强制要求吗？

受限空间只有一个出入口，作业人员和有关设备设施只能共同使用这一个出入口，应对电线、电缆、通气管在进口处进行保护或加强绝缘，并可以采取人员进出时断电或人员进出前将电线电缆临时移除的措施，防止电线、电缆、通气管受到损伤，以及人员触电等伤害。

17. 受限空间安全作业票审批过程中，如果第二个审批人与第一个审批人的时间间隔超过 30min，第二个审批人审批时是否需要再次进行受限空间作业气体检测？

受限空间作业气体检测分析合格属于作业前的关键安全措施，气体取样时间与安全作业票中各级审核、批准时间之间间隔超过 30min 的，均应重新进行气体检测，确认检测结果合格后方可实施安全作业票有关的审核、批准工作。

18. 受限空间安全作业票审批需要在哪一时段执行，有具体要求吗？是完成首次检测分析、确认现场安全措施后审批吗？受限空间安全作业票在首次检测分析前或未经现场安全措施确认，可以进行审批吗？

特殊作业票的审批过程就是对应当审批的内容和各项安全措施落实情况进行审核并签署审批意见，所以受限空间安全作业票应该在气体分析合格、各项安全措施得到落实检查确认后再进行审批。未进行气体分析、未现场确认安全措施是否落实不能对受限空间安全作业票进行审批。

19. 受限空间安全作业票有效期不允许超过24h，是否可以跨天办理？或者前一天下午办理好安全作业票，作业2h后，第二天上午按照中断超过0.5h重新检测的要求继续作业？

按照GB 30871—2022第6.10条规定“受限空间安全作业票有效期不应超过24h”，以及GB 30871—2022第6.9条f)规定“停止作业期间，应在受限空间入口处增设警示标志，并采取防止人员误入的措施”。受限空间作业可以跨天进行，作业中断后再次作业前，应对作业有关安全措施进行全面的检查确认，并重新进行气体检测分析合格后可继续作业。

20. 制药企业的有毒化学品种类较多，在釜内进行受限空间作业时对近期使用的有毒化学品都要检测吗？因种类多，企业很难做到，具体应怎样执行？

受限空间作业的主要风险之一就是空间内可能存在易燃易爆、有毒有害气体，因此，对于受限空间作业来说，最基本的要求就是要明确到底有哪些化学物质，哪些物质是有毒性的，含量是多少，是否符合有毒物质允许浓度，应该采用什么防护手段，必须严格执行。介质种类较多时，应重点关注那些毒性相对较强、对人体会产生危害的介质。

21. 在已交付检修的受限空间内进行检修作业，为什么还要连续检测气体浓度？检测什么气体？

在受限空间内进行检修作业期间，可能会因为作业而导致可燃、有毒气体逸出，也可能会有可燃、有毒气体从其他系统串入，导致受限空间内可燃、有毒气体超标及氧气浓度降低，从而导致人员中毒窒息。如果不涉及动火作业，则只分析有毒气体和氧含量。

22. 受限空间安全作业票中可燃气体和有毒气体含量标准从哪里找？

GB 30871—2022 第 6.4 条规定“受限空间内气体检测内容及要求如下：

a）氧气含量为 19.5%~21%（体积分数），在富氧环境下不应大于 23.5%（体积分数）；

b）有毒物质允许浓度应符合 GBZ 2.1 的规定；

c）可燃气体、蒸气浓度要求应符合 5.3.2 的规定。”

23. 受限空间内使用设备清理时，是否办理受限空间安全作业票，是否进行连续检测，每 2h 记录一次数据？

作业人员进入受限空间内使用设备清理时，应按照 GB 30871—2022 要求办理作业许可、在作业现场配置移动式气体检测报警仪，连续检测受限空间内可燃气体、有毒气体及氧气浓度，并 2h 记录 1 次。

24. GB 30871—2022 对受限空间作业关于可燃有毒气体检测分析中要求进行上、中、下部检测分析，安全作业票上记录的话，上、中、下的三个数据均要记录吗，还是只填写一个最大值？

特殊作业前，对于较大设备内需要进行上、中、下（左、中、右）部气体分析的，应分别对设备上、中、下（左、中、右）部进行取样，并在安全作业票中分别填写相应的分析数据，而不是填写一个最大的分析数据。

25. 受限空间安全作业票中气体分析数据到底应该如何填写？比如，在液氨球罐内作业 8h，需要在上、中、下(左、中、右)部分别取样，作业前要填写之前三个分析数据，按照要求连续检测，每 2h 记录 1 次数据，是不是可以理解在作业 8h 内要填写记录 3 个×4 次＝12 个？

进行受限空间作业时，对于较大设备内需要进行上、中、下(左、中、右)气体分析的，作业前和作业中连续检测数据均应分别记录上、中、下(左、中、右)三个数据。进行受限空间作业 8h，作业前和作业中连续检测数据应共记录 4 次 12 个数据。

26. GB 30871—2022 第 6.3 条 b)规定"检测点应有代表性，容积较大的受限空间，应对上、中、下(左、中、右)各部位进行检测分析"。对于"较大"这个概念是怎么理解的？

GB 30871—2022 没有给出"较大设备"的界定标准，企业应在本单位的有关文件中予以明确。设备内如果有填料或构件比较复杂等，应结合企业实际情况确定取样点；如果是全部直接连通的设备，结合设备内部空气流动情况、介质情况(密度比空气大，还是比空气小)，综合考虑是否视为较大设备。如果要考虑尺寸的话，建议可考虑将设备的长度或高度超过 5m 的界定为较大设备。

27. 企业有一个 2000m^3左右的废水罐，人员需要进入进行清污作业。由于废水罐体积较大，无法用现有的气泵+检测仪+采样管完成上、中、下(左、中、右)的气体检测，是否可以在作业前安排气体检测人员佩戴长管呼吸器进入罐中进行气体检测呢？

GB 30871—2022 第 6.3 条 c)规定：检测人员进入或探入受限空间

检测时，应佩戴本标准第 6.6 条中规定的个体防护装备。因此，必要时，检测人员在做好个体防护及制定了应急措施的前提下，可以进入设备内进行气体检测。

28. 请问受限空间作业含有氯乙烯气体，是按有毒气体检测还是按可燃气体检测或者两个都检测？

GB/T 50493—2019《石油化工可燃气体和有毒气体检测报警设计标准》附录 A、附录 B 中均列出了氯乙烯。该标准第 3.0.1 条规定“既属于可燃气体又属于有毒气体的单组分气体介质，应设有毒气体探测器”。参照以上内容，进行受限空间作业气体检测时，应将氯乙烯按有毒气体进行检测。

29. 在脱硫脱硝塔内进行受限空间作业，是否可以使用四合一便携式检测仪？

进入脱硫脱硝塔前 30min 内，应进行气体检测，并且选择的检测点应有代表性，对于容积较大的受限空间，应对上、中、下(左、中、右)各部位进行检测分析。作业时，可以使用四合一便携式检测仪，连续检测受限空间内可燃气体、有毒气体及氧气浓度，并每 2h 记录 1 次。

30. 进行受限空间作业时，气体连续检测可以用作业人员佩戴的便携式气体检测仪吗？还是有其他要求？

GB 30871—2022 第 6.5 条规定“作业时，作业现场应配置移动式气体检测报警仪，连续检测受限空间内可燃气体、有毒气体及氧气浓度，并 2h 记录 1 次”。便携式气体检测仪可以用来进行连续检测，符合要求。

31. GB 30871—2022 第 6.3 条 a) 规定“作业前 30min 内，对受限空间进行气体检测，检测分析合格后方可进入”。有人对此这么理解：如果受限空间经检测分析不合格，即使做好人员的防护也不能进入受限空间进行作业，否则就是违反标准要求。请问这么理解是否正确？

GB 30871—2022 第 6.3 条规定对受限空间内气体检测分析合格后方可进入是最基本的要求，危险化学品企业应采取各种措施，尽可能地做到在受限空间内气体检测分析合格后再进入作业。同时 GB 30871—2022 第 6.6 条规定：进入缺氧或有毒的受限空间经清洗或置换仍达不到本标准第 6.4 条要求的，应佩戴满足 GB/T 18664 要求的隔绝式呼吸防护装备，并正确拴带救生绳。在实际工作中，某些设备内因挂壁物料、有填料等情况，即使进行了置换、吹扫，但短时间内很难保证设备内气体分析结果符合要求，还有紧急抢修等情况。在这些情况下，作业人员是可以进入受限空间作业的，此时作业人员务必按 GB 30871—2022 第 6.6 条的规定，做好个体防护后方可进入受限空间作业。

32. 受限空间安全作业票中的“已配备作业应急设施”一栏，其中消防器材后面的括号内必须填写数量吗？受限空间内气体环境检测合格且进行非动火作业，是否需要在受限空间外准备消防器材？

受限空间安全作业票中的“已配备作业应急设施”中列出了消防器材等几种常见的应急设施，但实际作业时不一定所有的设备要全部准备，应在实际风险分析的基础上，准备适用的应急设施。几种应急设施后面的括号有两个用途：一是如果不涉及即不需要准备，则可在括号填写“不涉及”或打“×”等，二是如果涉及应填写设备的数量。

33. 进行受限空间作业至少需要几个监护人？在风险较大的受限空间作业时，增设的监护人是来自生产企业还是承包商作业单位？

GB 30871—2022 未明确受限空间作业监护人员数量，一般的受限空间作业设置 1 名作业监护人员即可，标准第 6.8 条 b) 规定“在风险较大的受限空间作业时，应增设监护人员”。企业在进行风险分析的基础上，对于风险较大的受限空间作业，应增设监护人员，增设监护人员的数量由企业自行确定。对于增设的作业监护人员应由危险化学品企业还是由承包商指派，本标准中未做明确要求，建议由危险化学品企业指派增加的作业监护人。

34. 受限空间安全作业票中监护人可以作为救援人员吗？对于救援人员数量有规定吗？

GB 30871—2022 关于监护人职责，规定“当作业现场出现异常情况时应中止作业，并采取安全有效措施进行应急处置”。在发生紧急情况时，监护人可以作为救援人员进行应急处置。本标准中未明确要求救援人员数量，企业应根据受限空间作业现场实际情况和救援难度在应急措施中明确应急救援人员数量。

35. 对于在受限空间内的动火作业有没有升级管理的要求？

GB 30871—2022 第 5.1.1 条规定“遇节假日、公休日、夜间或其他特殊情况，动火作业应升级管理”。受限空间内动火作业升级管理应执行该条款的规定。

盲板抽堵作业

1. 同一盲板的抽、堵作业，应分别办理盲板抽、堵安全作业票，一张安全作业票只能进行一块盲板的一项作业。同一个设备，同时有多条管道多块盲板需要抽或堵作业，要每块盲板一张安全作业票吗？

GB 30871—2022 第 7. 11 条规定“一张安全作业票只能进行一块盲板的一项作业”。即一块盲板的抽或堵作业，要分别办理一张盲板作业票，有几块盲板，就要办理几张盲板作业票，不能多块盲板的作业办理同一张作业票。同一设备上在同一时间段内进行的多块盲板的作业，可以使用同一张盲板图，图中对作业可能涉及的盲板做出清晰的编号。同一设备的不同盲板位置的管线内工艺介质、操作条件和作业环境等不一定是相同的。因此，每处盲板的风险实际上是不一样的，需要有针对性地制定风险控制措施，分别办理盲板抽或堵安全作业票。

2. 拆除一截管道进行隔离，需要办理盲板抽堵安全作业票吗？

拆除一段管道不需要办理盲板抽堵安全作业票，但同样需要做好工作前危害分析、能量隔离，如：关闭上游阀门，管道内压力降至常压等，必要时佩戴好个人防护用品等工作。部分企业制定了管线打开作业许可制度，可以办理管线打开作业票；部分企业执行设备检修作业票。

3. 大检修作业期间需要进行大量的盲板抽堵作业，盲板抽堵安全作业票非常多，资源有限时如何操作？

大检修作业期间需要进行大量的盲板抽堵作业，盲板抽堵安全作业票非常多，作业风险也很大。因此，在严格执行“一盲板一作业票”要求的基础上，建议由专人统一负责盲板管理，并按照开停车的进度合理安排抽堵盲板时机，严格做好能量隔离，监督作业人员佩戴好必要的个人防护用品，逐一落实每个作业点的风险管控措施，按照事先绘制好的盲板图，对现场盲板进行逐一挂牌标识。

4. 安装、拆除管道末端的盲板（拆除盲盖）要办理盲板抽堵安全作业票吗？

管道末端的盲板，通常叫盲盖。

对于盲盖的拆除：需要拆除盲盖的，在正常生产期间盲盖基本处于盲的状态，只有需要检修或改造施工时才打开，拆除时作业风险和正常盲板抽堵基本是一致的，因此，建议也按照盲板抽堵作业进行管理。

对于盲盖的安装：盲盖安装前，拟安装位置（管口、法兰口等）处基本处于敞开状态，这种情况下安装盲盖的风险与正常堵盲板的风险不同。类似情况的盲盖安装可不视为堵盲板作业，不需要办理盲板抽堵安全作业票。但企业应结合实际情况，在做好风险分析的基础上，落实有关的安全防范措施。

5. 盲板要求统一编号和管理，这个编号和管理是由作业部门负责还是由设备、管线归属地部门负责？

在抽堵盲板作业前，要绘制盲板位置图，并对盲板进行编号，其目的是避免抽堵盲板作业过程中漏抽（堵）、错抽（堵），抽堵盲板作业完成后，在抽堵的位置还要做明显标记；另外是便于追溯，在交出、作业、验收、开车等环节，不同的人均可准确找到盲板位置。因此，盲板的编号等工作建议由设备、管线归属地负责，也可以由企业的专业管理部门统一管理。作业部门负责盲板抽堵作业的实施。

6. 盲板位置图是企业需提前制作全厂所有需要盲板抽堵的位置图，还是作业前绘制的作业项目涉及区域的盲板位置图？对盲板统一编号，是全厂的盲板编号，还是作业项目涉及的盲板需要统一编号？

GB 30871—2022 第 7.1 条、第 7.4 条中所涉及的有关盲板图、盲板编号的相关规定，是指本次作业所涉及的盲板。有时一台设备的检修作业要抽或堵若干块盲板，要对本次作业所涉及的这些盲板统一编号，并绘制盲板图，以防出现差错。如果企业已经对全厂的所有盲板进行了统一编号，则在作业时可使用该统一编号。

7. 盲板抽堵安全作业票中设备、管道内介质、温度等参数是填写正常运行时的还是盲板作业时的？

盲板抽堵作业时，设备管道内介质及温度压力等的参数可能与正常运行时有差距，但从作业风险控制角度来说，盲板抽堵安全作业票中应填写盲板作业时的介质、温度和压力的有关数据，防止作业时一旦发生泄漏对作业人员造成伤害。

8. 管道焊接作业时，管道与储罐使用插板隔离可以吗？需要考虑静电的影响吗？

插板隔离是可以的，但需要满足 HG/T 21547—2016《管道用钢制插板、垫环、8 字盲板系列》的基本技术要求，包括公称尺寸、公称压力、材料、压力-温度额定值、密封面尺寸、公差及标记。管道内没有介质流动，不会产生静电。

9. 拟在一氧化碳管线进行盲板抽堵作业，是否需要先进行吹扫置换？是否需要取样分析？

GB 30871—2022 要求：盲板抽堵作业时，“作业前，应降低系统管道压力至常压”。未对盲板抽堵作业前是否需要对管线进行置换吹扫、分析做出明确要求。标准中同时还提出“在有毒介质的管道、设备上进行盲板抽堵作业时，作业人员应按 GB 39800.1 的要求选用防护用具。在涉及硫化氢、氯气、氨气、一氧化碳及氰化物等毒性气体的管道、设备上进行作业时，除满足上述要求外，还应佩戴移动式气体检测仪”。在进行盲板抽堵作业前，企业应先将管道内压力降为常压，如果具备条件，应进行置换和吹扫。无论是否进行了危险介质的置换、吹扫，在有毒介质的管道、设备上进行盲板抽堵作业时，作业人员均应按 GB 39800.1 的要求选用佩戴防护用具。

临时用电作业

1. GB 30871—2022 关于临时用电的定义与 GB/T 50484—2019 有出入，请问临时用插座接一个电焊机也属于临时用电吗？都需要办作业手续吗？

GB 30871—2022 与 GB/T 50484—2019 适用范围不同，两个规范的定义不能等同对比。GB 30871 为强制性国标，GB/T 50484 为推荐性国标。危险化学品企业特殊作业应执行 GB 30871。使用防爆插座、插头同样属于临时用电，均需办理安全作业票，因为临时用电不仅仅是指接电、拆电，还包括用电人使用电气设备作业的全过程。

2. 在固体物料包装时，包装使用的封口机未固定，每次包装使用封口机时使用电源插座属于临时用电吗？

GB 30871—2022 规定：临时用电是指“在正式运行的电源上所接的非永久性用电”。其所包含的情形主要有：在生产装置、厂房内设置的检修配电箱或其他电源接临时用电线路、使用防爆插头在配电箱防爆插座接临时用电线路、在办公场所的配电箱或电源插座接临时用电线路，用于生产区的各种电气设备的作业。

按照以上内容，每次包装单独放置封口机，并使用电源插座取电属于临时用电。

鉴于该作业用电负荷、用电设备（线路）、地点、人员相对固定，如果场所为非火灾爆炸危险场所，依据 GB 30871—2022 第 10. 8 条规定的特殊情况，临时用电安全作业票的有效期可以为 30 天。

另外，建议企业考虑将该用电改为永久性用电。

3. 甲类火灾危险性场所，移动用电设备就近防爆插座取电，动火安全作业票中增加专业电工确认安全用电条件，是否可以不办理临时用电安全作业票？

不可以。GB 30871—2022 第 10. 1 条规定“在运行的火灾爆炸危险性生产装置、罐区和具有火灾爆炸危险场所内不应接临时电源，确需时应对周围环境进行可燃气体检测分析”。

另外，GB 30871—2022 规定：临时用电是指“在正式运行的电源上所接的非永久性用电”。所包含的情形主要有：在生产装置、厂房内设置的检修配电箱或其他电源接临时用电线路、使用防爆插头在配电箱防爆插座接临时用电线路、在办公场所的配电箱或电源插座接临时用电线路，用于生产区的各种电气设备的作业。

结合以上分析，“甲类场所，移动用电设备就近防爆插座取电”属于具有火灾爆炸危险场所内“临时用电作业”，需要临时用电许可手续，而不是仅仅在动火安全作业票中增加专业电工确认安全用电条件。

4. 甲类厂房内是否可以设置长期的防爆固定插座？使用该插座时是否需要按照 GB 30871—2022 对临时用电要求进行管理？

甲类厂房内可以设置长期的防爆固定插座，但这些插座用于临时用电时，应能满足“一机一闸一保护”的有关要求。使用防爆插座进行用电作业属于临时用电作业，应办理临时用电安全作业票。

5. 承包商使用由自备的柴油发电机供电的电焊机作业时是否需要办理临时用电安全作业票？如果需要办理临时用电安全作业票，“作业人”该如何填写？

在危险化学品企业厂区内使用自备柴油发电机供电是临时用电作业中供电电源的一种特殊形式，采用自备柴油发电机供电的电焊机作业时，作业过程同样有触电、火灾爆炸的风险，应视为临时用电，应办理临时用电安全作业票。此种情形下的临时用电安全作业票中的“作业人”是在发电机、临时配电箱等设备设施上接引、拆除临时用电线路相关人员，一般是作业单位的人员，并应取得电工《特种作业操作证》，危险化学品企业中的专业电工应对作业单位的发电机、电焊机等设备设施进行检查确认。

6. 相同的作业地点、相同的作业内容，一张临时用电安全作业票能否写多个用电设备？需要一线一票吗？

办理安全作业票的目的是有效管控作业活动的风险。GB 30871—2022 附录 A 临时用电安全作业票中包括作业地点、作业内容、电源接入点及许可用电功率等具体作业内容，在办理安全作业票时，在上述内容描述清楚的前提下，并且多个用电设备是为了实施同一项检修活动，则一张临时用电安全作业票中可以填写多个用电设备。另外，如果临时用电安全作业票具体办理时，同一单元内紧邻的两个设备相同内容的检维修临时用电可以办理一张临时用电安全作业票(前提是配电箱、用电设备等全部相同)。

7. 企业厂区内一个作业地点办好了临时用电安全作业票，配电箱及其他电气设备设施都已经接好。有另外一个施工队要共用这个配电箱，这时是否还需要另外办理一张临时用电安全作业票？

GB 30871—2022 附录 A 临时用电安全作业票中包括作业地点、作业内容、电源接入点及许可用电功率、用电人等具体作业内容，还要对用电人进行安全措施交底。

如果另外一个施工队与原施工队是同一作业内容，则属于变更作业人员、作业设备设施等，应重新办理临时用电安全作业票。如果另外一施工队与原施工队不是同一作业内容，则另外一个施工队必须再办理另外一张临时用电安全作业票。

8. 不用于动火作业的接电用电作业不用办理动火安全作业票，但接电时打开配电箱需不需要办理动火安全作业票？

打开配电箱、接电都属于临时用电作业的内容。依据 GB 30871—

2022 第 10. 1 条规定，不应在运行的火灾爆炸危险性生产装置、罐区和具有火灾爆炸危险场所内接临时电源，确需时应对周围环境进行可燃气体检测分析，分析结果应符合本标准第 5. 3. 2 的规定。GB 30871—2022 附录中临时用电安全作业票中增加了可燃气体分析栏，如果临时用电不涉及使用电焊机、角磨机等常规动火作业，则在打开配电箱前进行周围环境的可燃气体分析，将分析结果填写在临时用电作业中的可燃气体分析栏，不需再办理动火安全作业票。

9. GB 30871—2022 要求“临时用电线路经过火灾爆炸危险场所以及有高温、振动、腐蚀、积水及产生机械损伤等区域，不应有接头，并应采取相应的保护措施”。临时用电线路均不能有接头，接头包扎能不能满足要求？因为对化工企业来讲，火灾危险爆炸场所的范围太大了，是否具备可操作性？

GB 30871—2022 第 10. 6 条 c）规定“临时用电线路经过火灾爆炸危险场所以及有高温、振动、腐蚀、积水及产生机械损伤等区域，不应有接头，并应采取相应的保护措施”。即使接头进行了包扎等处理也不允许。本条款目的是防止因临时用电线路不满足安全条件而导致触电、火灾、爆炸等事故。

JGJ 46—2005《施工现场临时用电安全技术规范》第 8. 1. 2 条规定“分配电箱与开关箱的距离不得超过 30m，开关箱与其控制的固定式用电设备的水平距离不宜超过 3m”。根据以上要求现场临时用电线路最长不超过 30m，对于一般企业来讲，操作难度不大。

10. 移动拖线盘可以在临时用电作业现场使用吗？

移动拖线盘可以在临时用电作业现场使用，但应保证移动拖线盘能满足“一机一闸一保护”等相关要求，并且设备完好，能满足作业的要求。移动拖线盘其安全性、可靠性差，建议企业选择可靠性较高的快速接头。

11. GB 30871—2022 第 4.5 条 c) 要求“需要检修的设备上的电器电源应可靠断电，在电源开关处加锁并加挂安全警示牌”。“安全警示牌”是指“有人工作，禁止合闸”牌，还是“有电危险”警示牌？

电器电源停电并加锁的目的是防止停电操作人员因疏忽而忘记曾在此处进行过停电作业，未设置警示牌或警示牌脱落，其他人员不知情误送电，导致触电或其他事故发生。安全警示牌是指“有人工作，禁止合闸”等内容的警示牌。

12. GB 30871—2022 附录 A 临时用电安全作业票中设置了两个可燃气体分析栏，是要求作业前接电和作业后拆电时都要进行可燃气体检测吗？

GB 30871—2022 附录 A 临时用电作业票参考样表中设置了两个可燃气体分析栏，并没有特殊要求，并非指接电和拆电时分别进行可燃气体检测。一般情况下，在电气设备送电前 30min 内应进行可燃气体检测并合格，作业结束后拆除电气设施时标准中没有要求必须进行可燃气体检测。如果临时用电电气设备防爆等级不符合要求且有多台，则需要在送电前对各台电气设备周围进行可燃气体检测，并将各个检测点的检测数据分别填写在安全作业票中。

13. 如果在非火灾爆炸危险场所进行临时用电作业，是否还需要进行气体检测呢？如果在非火灾爆炸危险场所进行二级动火作业，在动火安全作业票上进行了气体检测分析并记录，是否还需要在临时用电安全作业票上再记录一遍呢？

依据 GB 30871—2022 第 10.1 条规定，在运行的火灾爆炸危险性生产装置、罐区和具有火灾爆炸危险场所内不应接临时电源，确需时应对周围环境进行可燃气体检测分析，分析结果应符合本标准第 5.3.2 条的规定。企业在火灾爆炸危险场所内开展临时用电作业前，均应进行可燃气体分析并合格后方可送电，企业在非火灾爆炸危险场所内开展临时用电（但不关联动火作业）作业前可不进行可燃气体分析。企业在火灾爆炸危险场所内进行临时用电同时关联动火作业的，临时用电安全作业票与动火安全作业票中应同时填写可燃气体分析结果。

14. GB 30871—2022 临时用电安全作业票可燃气体分析点是指接线点还是用电点？比如要接一台电焊机，是分析电焊机处的可燃气体？还是分析接线点的可燃气体？

GB 30871—2022 附录临时用电安全作业票中的可燃气体分析点是指可能产生电火花的位置，包括接线点（防爆插座除外）、非防爆的配电箱、电焊机等电气设备处。

15. 临时用电现场绝缘铜芯线必须架空吗？区域内没有行车，在区域内过道（无大型车辆通过）地面敷设采取防护这样可以吗？

GB/T 50484—2019《石油化工建设工程施工安全技术标准》第 4.3.5 条规定：除通过道路以外，施工电缆不得沿地面直接敷设，不得浸泡在水中。电缆在地面上通过道路时宜采用槽钢等覆盖保护，槽钢等应可靠固定在地面上。

GB 30871—2022 第 10.6 条 d）规定“临时用电架空线应采用绝缘铜芯线，并应架设在专用电杆或支架上”。这里强调的是对临时用电线路架空时的要求。

临时用电线路沿墙面或地面敷设时，应按照第 10.6 条 e）的要求执行，第 10.6 条 e)规定“电缆线路敷设路径应有醒目的警告标志；沿地面明敷的电缆线路应沿建筑物墙体根部敷设，穿越道路或其他易受机械损伤的区域，应采取防机械损伤的措施，周围环境应保持干燥；在电缆敷设路径附近，当有产生明火的作业时，应采取防止火花损伤电缆的措施”。对埋地敷设的电缆应按第 10.6 条 f) 执行，第 10.6 条 f) 规定“对需埋地敷设的电缆线路应设有走向标志和安全标志。电缆埋地深度不应小于 0.7m，穿越道路时应加设防护套管”。

在区域内过道(无大型车辆通过)地面敷设的临时用电线路，应按上述规定采取相应的防护措施。

16. GB 30871—2022 中要求，进行临时用电作业时，“火灾爆炸危险场所应使用相应防爆等级的电气元件，并采取相应的防爆安全措施”，在火灾爆炸危险场所使用的电焊机、配电箱等电气设备必须是符合防爆等级要求的吗？

GB 30871—2022 第 5.2.12 条规定“使用电焊机作业时，电焊机与动火点的间距不应超过 10m，不能满足要求时应将电焊机作为动火点进行管理”。即在火灾爆炸危险场所内可以使用非防爆电气设备，非防爆电气设备应距离动火点不超过 10m，如果距离超过 10m，则应对非防爆电气设备周围 10m 范围内进行可燃气体分析，分析结果应满足动火分析要求。

17. GB 30871—2022 附录 A 临时用电安全作业票中的安全措施有“在防爆场所使用的临时电源、元器件和线路达到相应的防爆等级要求”一条，如果在作业时使用非防爆的电焊机等设备，该项措施的“是否涉及”栏及“确认人”栏该如何填写？

在火灾爆炸危险场所内可以使用非防爆电气设备，非防爆电气设备应距离动火点不超过 10m，如果距离超过 10m，则应对非防爆电气设备周围 10m 范围内进行可燃气体分析，分析结果应满足动火分析要求。在防爆场所使用的临时电源、元器件和线路达到相应的防爆等级要求的，可以在“是否涉及”栏填写“是”或“√”等，并由确认人签字。如果防爆场所使用非防爆的电气设备，则建议企业在临时用电安全作业票安全措施栏中增加一个选项：“在防爆场所使用非防爆电气设备，在电气设备周围 10m 范围内进行了可燃气体检测分析合格”，可以在该栏后“是否涉及”栏填写“是”或“√”等，并由确认人签字。

18. 车间内临时用电使用防爆插座，需要电工插电吗？如果不是电工插电，临时用电安全作业票需要填写电工证号吗？

车间内临时用电使用防爆插座，也需要办理临时用电安全作业票，需要作业人(电工)检查、确认。

有些企业认为在生产装置区设置的防爆插座上用防爆插头接临时线，插座、插头都是完好的，在插接过程中，不会产生电火花，不会造成不良后果，所以不属于临时用电，不用办理临时用电安全作业票。其实这是不准确或者说是错误的说法。临时用电并不是仅指用电线路接电这一环节，还包括用电线路下游电气设备(配电箱、电焊机、砂轮、照明灯具等)的使用、临时线路的拆除全过程。所以尽管使用防爆插头插座，在配电箱接线这一环节可能不会有潜在风险，但下游的用电设备可能存在电气设备不防爆、绝缘不良好等问题，如果对下游各环节疏于管理，有可能会发生火灾爆炸、人员触电等事故。使用防爆插座也需要专业电工接电并对相关电气设备进行检查。如果插座、电气设备全部为防爆型且符合防爆等级要求，可以不进行可燃气体分析，否则就需要进行可燃气体分析。

GB 30871—2022 附录 A 临时用电安全作业票中的作业人，即指专业电工，需要填写其电工证号。

19. 临时用电安全作业票中的“用电设备及功率”一栏，如果接入临时配电箱，“用电设备及功率”一栏可以写临时配电箱吗？如果可以，功率该如何填写，如果不可以，需要接多个用电设备、办理多张作业票吗？

临时用电作业票中“用电设备”不可填写配电箱，应填写具体的电气设备名称。“功率”应按作业时可能会使用到的所有电气设备的总功率填写。

作业时需要办理几张临时用电安全作业票，要看具体情况而定。如果同一项作业需要使用多个不同的电气设备（如电焊机、角磨机等），则只需办理同一张安全作业票。如果在同一个配电箱接多个电气设备，用于两项及以上的检修作业活动，则应每项检修作业活动分别办理临时用电安全作业票。

20. 低压（220V）临时用电作业时，持高压电工《特种作业操作证》是否可以作业？

不可以。220V 属于低压。按照现行的《特种作业人员安全技术培训考核管理规定》要求，如从事高压、低压电工作业工作，需要分别取得“高压电工”和“低压电工”《特种作业操作证》，相互之间不可替代。

21. 临时用电安全作业票上的作业人可以是承包商的电工吗？

GB 30871—2022 中未对临时用电作业人应由危险化学品企业指派还是可以由作业单位（承包商）指派做出明确要求。但临时用电的作业人需要在危险化学品企业检修配电箱等设备上进行接电拆电作业，承包商不应直接操作危险化学品企业的有关设备，所以临时用电的作业人应是危险化学品企业的有关人员。危险化学品企业将电气设备的日常检修、维护工作全部委托第三方单位的，则第三方单位的电工可作为临时用电的作业人。

22. 临时用电安全作业票中作业负责人是指用电单位负责人还是接线单位负责人？

GB 30871—2022 附录 A 临时用电安全作业票中的“作业人”是指危险化学品企业中负责接电、拆电的专业电工，“作业负责人”指接电、拆电的专业电工的临时负责人或专业电工单位的负责人。

23. GB 30871—2022 附录 A 临时用电安全作业票参考样表中作业负责人需要持电工证吗？

GB 30871—2022 附录 A 临时用电安全作业票参考样表中的“作业负责人”不等同于配送电单位的负责人，是现场配送电作业人员中的临时负责人，一般是专业电工，所以应持有电工《特种作业操作证》。如果作业负责人是单位的管理人员，不参与现场作业的，可以不是专业电工，不必持有电工《特种作业操作证》。

24. “临时用电安全作业票”中配送电单位意见栏签字人是否必须持有电工《特种作业操作证》？确认人是谁？可以是作业人吗？

“临时用电安全作业票”中配送电单位意见栏签字人如果不参与现场作业的，可以不是专业电工，不是必须持有电工《特种作业操作证》。“确认人”可以是“作业人”，即配送电的电工。

25. 临时用电安全作业票中作业负责人和作业人可否为同一人？

临时用电作业负责人可以参与到作业中来，即作业负责人与作业人可以是同一人。

26. GB 30871—2022附录A临时用电安全作业票参考样表中监护人是指配送电作业时的监护人，还是用电过程中的监护人？监护人必须是电气专业人员吗？

临时用电作业全程均应有监护人在场。临时用电全过程包括两部分：临时用电作业人接、拆线路时，需要有配电箱所属单位的监护人员监护；接线完成并送电后，用电人使用电气设施工作过程同样需要监护人在场监护。两阶段的监护人可以由经过危险化学品企业特殊作业监护人专项培训并考核合格的监护人担任，不一定必须是专业电工担任，可以是同一监护人。

接、拆电力线路作业过程中监护人的主要职责是一旦作业人员在接线时发生触电等情况时，能及时切断电源，对触电人员进行施救。同时在接线时如果周边环境发生意外情况，监护人可指导接线人员及时安全撤离作业现场。用电人使用电气设施工作过程中监护人主要职责是监督用电人规范、安全地使用电气设备，在用电人发生触电及其他意外情况时能及时采取相应应对措施。

27. 临时用电作业时间是否包括接拆电人接拆电时间？

临时用电作业时间包含接拆电人接拆电时间，即临时用电作业开始时间为专业电工开始接电的时间，结束时间为专业电工拆除临时用电线路的时间。

28. 临时用电安全作业票有效期为15天，审批人员是否每天都应该在作业票上签字？

同一项检修活动需要多天才能完成的，则临时用电应按照作业中断要求，在每天电气设备送电前进行可燃气体分析合格并经作业监护人确认后可继续作业，不需作业票的审批人在临时用电作业票上重复签字。

29.“临时用电时间一般不超过15天，特殊情况不应超过30天”是指接好一套临时用电线路、电焊机等设备，在15天或30天内，可以用于不同的检修活动的用电作业吗？

GB 30871—2022中关于临时用电的“临时用电时间一般不超过15天，特殊情况不应超过30天”要求，并非指接好一套临时用电线路、电焊机等设备，在15天或30天内，可以用于不同的检修活动的用电作业，而是指针对同一检修项目，需要持续实施多天的，临时用电安全作业票的有效期可以为多天，一般不能超过15天，最长不能超过30天，是为了简化工作程序，减少企业频繁安装、拆卸临时用电线路和电气设备的工作量。如果检修项目作业持续时间不到15天或30天，则应在作业结束时，该临时用电安全作业票有效期也同步结束，相关电气线路、设备等应拆除。

30.采用防爆插座的临时用电作业，临时用电安全作业票有效期可以是15天吗？在防爆区内，作业票有效期是15天，可燃气体检测怎么执行？是否按照动火作业进行管理？分析的间隔时间是多久？

GB 30871—2022明确了在防爆区内，临时用电安全作业票有效期是15天，特殊情况不应超过30天。办理完临时用电安全作业票（包括可燃气体检测）后，在连续作业期间，按照规范要求，在做好安全管控措施的前提下，一般是不需要再做可燃气体检测的；如果作业中断后再次作业前应再次对可燃气体进行检测，分析合格后方可继续作业，对于作业要持续多天的，每天作业前同样应先进行可燃气体检测。GB 30871—2022没有对临时用电过程中连续或定时进行可燃气体检测的要求，企业可在风险分析的基础上，自行确定是否需要在临时用电作业过程中实施连续或定时可燃气体检测。

31. 临时用电作业与关联的动火作业、受限空间作业等安全作业票的作业开始结束时间必须一致吗？如：动火验票时间8时开始作业，关联的临时用电也必须是8时开始吗？两项作业的开始和结束时间间隔几分钟是否可以？

GB 30871—2022 规定用于动火、受限空间作业的临时用电时间应和相应作业时间一致，主要是考虑动火、受限空间作业是相对风险较高的作业，这两项作业结束后，应及时拆除临时用电线路，以防作业环境发生变化，导致临时用电线路及有关电气设备引发人员触电、火灾爆炸等事故。实际操作过程中，动火作业、受限空间作业与临时用电作业开始和结束时间不必完全分秒不差，在合理的情况下，按作业前后的顺序，临时用电作业与动火、受限作业开始和结束时间可以间隔几分钟。

32. 同一项检修活动可能要连续实施4天，涉及一级动火作业和临时用电作业，一级动火作业票要每天办理1张，临时用电安全作业票是否也要每天重新办理1张？

对于同一项检修活动可能要连续实施多天的，临时用电作业票的有效期可与检修活动的施工期一致，即这一项检修活动可只办理一张临时用电作业票。但应在每天临时用电作业结束后，将电气设备的电源断掉，每天电气设备再次送电前应开展可燃气体分析并合格后方可送电。这种情况下可能会出现一张临时用电作业票对应多张动火或受限空间作业票，这是允许的。

高处作业

1. 危险化学品企业检修时涉及的高处作业，能否引用建筑工程行业标准？例如 GB 30871—2022 标准中未提及的要求，能否引用 JGJ 80—2016 中的要求？

GB 30871 与 JGJ 80 两项标准的适用范围和侧重不同。GB 30871 适用于危险化学品企业生产经营过程中涉及的高处作业。而 JGJ 80 适用于房屋建筑工程施工时，高处作业中的临边、洞口、攀登、悬空、操作平台、交叉作业及安全网搭设等作业，亦适用于其他高处作业的各类洞、坑、沟、槽等工程的施工。危险化学品企业如果想进一步细化管理特殊作业，可以在满足 GB 30871 的基础上，再把 JGJ 80 等标准中的其他要求转化为本企业的管理制度要求。同理，在满足本行业有关标准要求的前提下，企业的管理制度中可以再引用其他行业标准的更加细化、更加严格的要求。

2. 通过梯子进入深约 3m 的地坑，在上和下这个过程中（未做其他任何别的作业），属于高处作业吗？

针对该情景，单纯地进、出受限空间的过程，一般不视为高处作业。但进出受限空间的过程依然有高处坠落的风险，作业人员应做好相关的防护措施。

3. 在屋顶距离墙面边缘 8m 处的中间位置进行的作业是否属于高处作业？

不属于。GB 30871—2022 第 3. 8 条对高处作业的定义是：在距坠落基准面 2m 及 2m 以上有可能坠落的高处进行的作业。判定坠落基准面，大家重点要掌握的是坠落范围半径及基础高度的概念。

GB/T 3608—2008《高处作业分级》给出的坠落基准面定义为：通过可能坠落范围内最低处的水平面。可能坠落范围是指：以作业位置为中心，可能坠落范围半径为半径，画成的与水平面垂直的柱形空间。

可能坠落范围半径大小取决于与作业现场的地形、地势或建筑物分布等有关的基础高度。可能坠落范围半径 R 规定如下：

2m≤基础高度≤5m 时，R 为 3m；

5m<基础高度≤15m 时，R 为 4m；

15m<基础高度≤30m 时，R 为 5m；

基础高度>30m 时，R 为 6m。

上述的“基础高度”，是指以作业位置为中心，6m 为半径，画出的垂直水平面的柱形空间内最低处与作业位置面的高度差。

按照以上规定，“在屋顶距离墙面边缘 8m 处的中间位置进行的作业”基础高度为 0。

如果屋顶为坡面，作业时应充分辨识坡面屋顶作业潜在的风险，并采取相应的安全措施。

4. 在有平台、有护栏的塔釜炉罐等化工容器、设备及架空管道上进行的检维修作业属于高处作业吗？

高处作业是指在距坠落基准面 2m 及 2m 以上有可能坠落的高处进行的作业。在有平台、有护栏且完好的塔釜炉罐等化工容器、设备及架空管道上进行检维修作业时，若作业空间不超出平台、防护栏杆的防护范围，不属于高处作业。

5. 移动式升降机或者升降平台上作业属于高处作业吗？

施工（检修）人员，在移动式升降机或者升降平台上进行作业，若工作位置在距坠落基准面 2m 及 2m 以上则属于高处作业。

移动式登高作业车一般有两种，一种是机械式，如车载登高梯；另一种是非机械式，如靠人力推动的登高梯。移动式登高作业车尽管人员在站立处设有升降平台、防护栏或防护筐，大大降低了人员坠落的风险，但其他风险仍然不可避免，所以仍需要通过办理作业票进行风险管控。对于专业消防人员在应急救援时使用消防云梯，不在此范围内。

6. 曲臂登高车依照 GB 30871—2022 应该办理哪种安全作业票？高处安全作业票还是吊装安全作业票？

使用曲臂登高车作业属于高处作业，应办理高处安全作业票。

7. 对于移动升降平台上的作业（带 4 轮可移动，垂直升降最高高度为 5m），升降平台带有 1100mm 的栏杆，满足 GB 4053.3—2009《固定式钢梯及平台安全要求 第 3 部分：工业防护栏杆及钢平台》中第 5.2.2 条的规定（基准面高度大于等于 2m 并小于 20m 的平台，通道及作业场所的防护栏杆高度应不低于 1050mm）。当人员站在升降平台内部，升高到 6m 位置的作业是否属于高处作业？是否需要办理安全作业票？

在移动式升降平台上进行作业时，若工作位置在距坠落基准面 2m 及 2m 以上则属于高处作业，应办理高处安全作业票，落实有关安全措施。

8. 如果通过一个直爬梯进入建筑物夹层内部作业，夹层高度超过 2m，但是夹层边缘已经设置有符合要求的安全护栏。这种情况下，是否还需因为爬梯子这个过程而开具高处安全作业票？

作业人员通过梯子等工具来到高处以及从高处返回的过程，一般不视为高处作业。但在攀爬梯子上下的过程中依然有高处坠落的风险，人员应做好相应的安全防护措施。

9. 工艺操作人员到管架上方开关阀门作业，是否需要办理高处安全作业票？

需要。按照 GB 30871—2022，高处作业是指“在距坠落基准面 2m 及 2m 以上有可能坠落的高处进行的作业”。若是到管架上方开关阀门作业，作业位置处于距坠落基准面 2m 及 2m 以上有可能坠落的高处，则需要办理高处安全作业票。这里需要指出的是，不可因为开关阀门不属于检维修作业，而忽略了高处安全作业票的办理。另外，企业对于经常性开关的阀门作业处，要考虑设置操作平台，设置固定钢平台后，则不需再办理高处作业许可手续。

10. 槽罐车、大货车取样和装卸等作业需要人员爬上车顶，高度一般超过 2m，是否需要办理高处安全作业票？

货车车顶作业距坠落基准面高度一般超过 2m，作业时有高处坠落的风险，应属于高处作业，作业前应办理高处安全作业票。对于频繁进行的重复性作业，作业内容、作业人员相对固定的，可适当延长安全作业票的有效期，比如办理有效期为 7 天的高处安全作业票。对于频繁进行的常规车辆装卸作业，如果车辆顶部设置了防护栏杆，或人员在专用的装卸平台操作，正常情况下无人员坠落风险的，可不视为高处作业。

11. 站在移动登高平台梯最上面的平台上作业必须办理高处作业安全票和系挂安全带吗？（备注：移动登高平台梯下面有 4 个脚轮，最下面尺寸为 70cm×180cm，最上面平台距离地面是 2m，站人平台尺寸为 70cm×60cm，且有 80cm 高的护栏。）

护栏高度 80cm，低于 120cm，人员在平台上作业时依然有高处坠落的风险，此种情景应按高处作业管理。

12. 在管廊上为同一根管线进行保温作业，高度一直保持一致，是否可以办理一张高处安全作业票?

同一区域内管廊上的同一根管线的高处作业可以办理一张高处安全作业票，但应在安全作业票上作业地点栏中明确管线的起止位置。如果这条管道跨越多个不同的区域，应视情况分别办理高处安全作业票。

13. 企业内部员工进行日常性工作，例如进行上罐测量等作业时是否需要办理高处安全作业票?是否需要取得高处作业《特种作业操作证》?另外对于在有1.2m以上护栏且系挂安全带的情况下进行高处作业，是否需要办理特殊作业票?

凡是有可能发生坠落的、作业点距离坠落基准面大于等于2m的作业，均属于高处作业，应办理高处安全作业票。生产岗位的操作人员不是经常或专门从事高处作业，不必取得高处作业的《特种作业操作证》。在设有符合标准的护栏的场所作业，正常情况下无坠落风险的，可不按高处作业管理。

14. 当脚手架搭设完成，自己设置检修平台、护栏等，并经验收合格后，检修人员在脚手架平台进行检修作业，需不需要办理高处安全作业票?如需办理作业票，是否需要取得高处作业《特种作业操作证》?

在合格的脚手架上作业(作业点距离坠落基准面高度大于等于2m的)需要办理高处安全作业票。办理高处安全作业票与是否需要取得高处作业的《特种作业操作证》没有直接的关系。高处作业人员是否需要取得高处作业的《特种作业操作证》要看作业人员是否是专门或经常在距坠落基准面2m及以上有可能坠落的高处进行作业(依据《特种作业人员安全技术培训考核管理规定》国家安监总局令第30号)。危险化学品企业中经常在高处从事脚手架、跨越架架设或拆除的作业，在高处从事安装、维护、拆除作业的检修人员（含承包商），应取得高处作业的《特种作业操作证》。一般的工艺操作人员偶尔在高处进行开关阀门等操作，不需要取得高处作业的《特种作业操作证》。

15. 在2m以上装置进行防腐作业的人员，需要持有高处作业《特种作业操作证》吗？

按照《特种作业目录》要求，专门或经常在距坠落基准面2m及以上有可能坠落的高处进行作业，需要按相关规定持有高处作业《特种作业操作证》。

防腐作业人员属于经常在距坠落基准面2m及以上有可能坠落的高处进行作业的人员。

16. 哪些情形的高处作业人员应该持有《特种作业操作证》？脚手架搭设人员应持有哪个部门颁发的证件？

依据《特种作业人员安全技术培训考核管理规定》，从事高处作业需持有《特种作业操作证》的人员是指专门或经常在距坠落基准面2m及以上有可能坠落的高处进行作业的人员。具体包括从事以下作业的两类人员：一是进行登高架设作业，指在高处从事脚手架、跨越架架设或拆除的作业；二是进行高处安装、维护及拆除作业，指在高处从事安装、维护及拆除作业。适用于利用专用设备进行建筑物内外装饰、清洁、装修，电力、电信等线路架设，高处管道架设，小型空调高处安装、维修，各种设备设施与户外广告设施的安装、检修、维护以及在高处从事建筑物、设备设施拆除作业。

结合以上要求，危险化学品企业中经常从事脚手架架设、设备设施高处检修、维护的人员（含承包商）应取得应急管理部门颁发的高处作业《特种作业操作证》，危险化学品企业工艺操作人员一般不需取得高处作业《特种作业操作证》。

17. 电焊工、电工在高处作业时，是否需要持高处作业《特种作业操作证》？

《高压电工作业人员安全技术培训大纲及考核标准》《低压电工作业人员安全技术培训大纲和考核标准》规定的培训考核内容中，包含了登高安全用具及其使用、架空线路安装、登杆作业基本技能等。如电工在上述范围内作业，可不用重复取得高处作业《特种作业操作证》。

《熔化焊接与热切割作业人员安全技术培训大纲和考核标准》中不包含“高处作业”的培训考核内容，持有焊接与热切割《特种作业操作证》的人员专门或经常在距坠落基准面 2m 及以上有可能坠落的高处进行作业的，仍需要取得高处作业《特种作业操作证》。

18. 作业人员在现场搭设脚手架，持有架子工的《建筑施工特种作业操作资格证》，还需持有高处作业《特种作业操作证》吗？

按照《特种作业人员安全技术培训考核管理规定》(国家安全生产监督管理总局令第 30 号)规定，高处作业主要包括登高架设作业和高处安装、维护、拆除作业两个操作项目。在危险化学品企业内从事登高架设作业，应取得应急管理部门颁发的登高架设作业《特种作业操作证》。在危险化学品企业内从事登高架设作业持有架子工的《建筑施工特种作业操作资格证》人员，应再取得应急管理部门颁发的登高架设作业《特种作业操作证》。

19. 安全管理人员到距坠落基准面 2m 以上的地方进行检查工作，是否需要持有高处作业《特种作业操作证》？

不需要。安全管理人员到距坠落基准面 2m 以上的地方进行检查工作，不属于《特种作业人员安全技术培训考核管理规定》(国家安全生产监督管理总局令第 30 号)规定的登高架设作业和高处安装、维护、拆除作业两个高处作业操作项目规定的作业范畴。安全管理人员进行检查时，其行走路线、动作、程序、工作内容都是相对可控的，可以通过严格管理制度和提高员工个人防范意识来保证常规作业过程中的安全。

20. 企业内部设备检维修人员需要持高处作业《特种作业操作证》吗？

对于企业内部设备检维修人员是否要持高处作业《特种作业操作证》，不可一概而论。

按照《特种作业人员安全技术培训考核管理规定》(国家安全生产监督管理总局令第 30 号)规定，高处作业指专门或经常在距坠落基准面 2m 及以上有可能坠落的高处进行的作业，分为登高架设作业和高处安装、维护、拆除作业两个操作项目。若企业内部设备检维修人员从事的工作属于以上的工作范畴，则需要持高处作业《特种作业操作证》。

21. 进行高处焊割作业人员需要取得焊接与热切割和高处作业《特种作业操作证》双证吗？

《熔化焊接与热切割作业人员安全技术培训大纲和考核标准》中不包含“高处作业”的培训考核内容，持有焊接与热切割《特种作业操作证》的人员专门或经常在距坠落基准面 2m 及以上有可能坠落的高处进行作业的，仍需要取得高处作业《特种作业操作证》。

22. 企业内的机械工程师偶尔会有一次高处作业，到底要不要考取高处作业《特种作业操作证》？

按照《特种作业人员安全技术培训考核管理规定》(国家安全生产监督管理总局令第 30 号)规定，高处作业指专门或经常在距坠落基准面2m及以上有可能坠落的高处进行的作业，分为登高架设作业和高处安装、维护、拆除作业两个操作项目。机械工程师偶尔会有一两次高处作业不属于以上持证范围，则不需要考取高处作业《特种作业操作证》，但高处作业时需要办理高处安全作业票。

23. 承包商不经常从事高处作业的人员是否也要持高处作业《特种作业操作证》？危险化学品企业内部的部分检修人员应持证，这里的持证人员是指专门或经常从事高处作业的那部分人员，还是指企业内部检修人员持证比例应达到某个数字，比如20%？

依据《特种作业人员安全技术培训考核管理规定》(国家安全生产监督管理总局令第30号)，从事高处作业需持有《特种作业操作证》的人员是指专门或经常在距坠落基准面2m及以上有可能坠落的高处进行作业的人员。具体包括从事以下作业的两类人员：一是进行登高架设作业，指在高处从事脚手架、跨越架架设或拆除的作业；二是进行高处安装、维护及拆除作业，指在高处从事安装、维护及拆除作业。适用于利用专用设备进行建筑物内外装饰、清洁、装修，电力、电信等线路架设，高处管道架设，小型空调高处安装、维修，各种设备设施与户外广告设施的安装、检修、维护以及在高处从事建筑物、设备设施拆除作业。

结合以上要求，危险化学品企业中经常从事脚手架架设、设备设施高处检修、维护的人员(含承包商)应取得高处作业《特种作业操作证》。至于作业人员中应取证的数量，应根据实际作业需要来确定。

24. 高处作业涉及脚手架作业，危害辨识有坍塌因素时，安全措施应怎么填写？

针对脚手架坍塌事故后果可从脚手架搭设工艺、脚手架材料、搭设人员资质、安全验收等方面填写针对性的安全措施。

25. 吊机安装吊笼时，人员在吊笼里进行高处作业是否符合规范要求？

JGJ 33—2012《建筑机械使用安全技术规程》第 4.1.15 条规定：严禁用起重机载运人员。基于以上风险管控考虑，不建议企业在作业时采取吊笼载人作业的作业方式。

26. GB 30871—2022 第 4.10 要求监护人“确需离开作业现场时，应收回安全作业票，中止作业”，像高处作业票有效期 7 天，在办票时是否可以设多个监护人，后期作业时交替监护？如果第 2 天作业前监护人请假，应该怎么执行？重新办票吗？

在办理高处安全作业票时，应由当时的监护人签字；如果有其他监护人替换监护，则由接替的监护人在作业票上再签字。第 2 天作业时，如果原监护人不能监护则应更换其他监护人监护，不需要重新办理高处安全作业票。

27. GB 30871—2022 附录 B 表 B.1 说明栏中Ⅱ级、Ⅲ级高处作业如何判定？如在易燃、易爆、易中毒、易灼伤的区域或转动设备附近进行 4m 高处作业，是判定为Ⅱ级还是Ⅲ级？是否还是按本标准第 8.1.3 条规定判定为Ⅱ级？本标准附录 B 表 B.1 说明栏中Ⅳ级高处作业还包括“在高温或低温环境下进行的异温高处作业”，如何区分此条和本标准第 8.1.2 条 b)“平均气温等于或低于 5℃的作业环境”？如何判定高温和低温？在北方冬季，是不是所有低温环境下的高处作业全部是Ⅳ级了？

涉及 GB 30871—2022 附录 B 表 B.1 说明栏中Ⅱ级、Ⅲ级高处作业情景的，企业可自行确定按Ⅱ级或Ⅲ级作业进行管理。

高温是指作业地点具有生产性热源，其环境温度高于本地区夏季室外通风设计计算温度2℃及以上。低温是指作业地点的气温低于5℃。本标准第8.1.2条中的“平均气温等于或低于5℃”可以理解为某一天的平均气温等于或低于5℃，而“低温”是指作业时作业点的实时气温。

GB 30871—2022正文条款全部为强制性条款，附录B为资料性附录，不是强制性内容，供企业参考。企业的高处作业可重点依据GB 30871—2022第8.1.1~8.1.3条的规定进行分级，如果企业拟严格管理，可再参考标准附录B中关于各级高处作业应包括的情形进行合理分级。低温环境下的高处作业是否全部归属为Ⅳ级可在企业的管理制度中进行明确。

28. 高处作业在正常情况下，如何进行升级管理，是升级别还是升措施审核审批人？

GB 30871—2022对高处作业没有提出升级管理的规定。

GB 30871—2022第8.1.1条规定：高处作业高度h按照GB/T 3608分为四个区段，高处作业分级按A、B分类法进行划分。第8.1.3条规定：不存在GB 30871—2022第8.1.2条列出的任一种客观危险因素的高处作业按表2规定的A类法分级，存在GB 30871—2022第8.1.2条列出的一种或一种以上客观危险因素的高处作业按表2规定的B类法分级。高处作业级别及相应安全管理措施、审批按此规定执行。

另外，GB 30871—2022附录B表B.1中“说明2”，提供了高处作业等级直判的内容，供确定高处作业等级时参考。

29. 高处安全作业票的有效期最长为7天，当作业中断，再次作业前，应重新对环境条件和安全措施进行确认。请问这个确认是否需要签字确认，是否需要建立专门的记录？每日的监护人变动，应怎么调整？

高处作业中断后再次作业前应由相关人员对作业各项安全措施检

查确认后，在作业票中适当位置填写确认意见、签字及签署时间，可不必再单独建立确认记录。对于作业监护人发生变化的，应由作业票审批人对监护人是否持有监护人专项培训合格证进行确认，更换后的监护人应与上班次监护人进行交接，特别是对上班次作业出现的问题进行交接，确认和交接后，可在作业票上进行签字，实施作业监护。

30. 高处安全作业票中断 1h，即需要重新审核，每天中午午餐 1h，是不是下午都要重新审核？动火作业中午午餐 1h，下午重新作业该怎么管理，仍需要重新审核吗？

高处作业中断后(一般中断 30min 以上)再作业前，应对安全措施进行重新审核确认后再开始作业。GB 30871—2022 第 5.3.1 条 d)明确要求：特级、一级动火作业中断时间超过 30min，二级动火作业中断时间超过 60min，作业前应重新进行可燃气体分析合格后方可作业，标准中未明确动火作业中断后再作业前需要重新审核安全措施，建议企业在动火作业中断后再作业前重新检查确认安全措施。

31. GB 30871—2022 第 8.2.11 条中“作业中断”如何判别？由哪些人员进行重新确认？

GB 30871—2022 第 8.2.11 条规定：当高处作业中断，再次作业前，应重新对环境条件和安全措施进行确认。作业中断一般指作业中断时间大于等于 30min。短时间中断(0.5～3h)的，可由作业监护人进行确认，长时间中断(大于 3h)的，应由具有该等级安全作业票批准权限的人员进行确认。确认人应在高处安全作业票上签署确认意见、时间并签字。

32. 对于高处作业 7 天的有效期是以最后审批人的时间为起点，还是以开始作业时间为起点？

依据 GB 30871—2022，各特殊作业票的有效期起始时间为作业票中的“作业实施时间”的开始时间。

33. 高处安全作业票中“所在单位意见”，是指高处作业人员所在的单位(如机修班组等)，还是高处安全作业实施地点所在的属地单位(如×××车间等)？

安全作业票中“所在单位意见”是指作业点所在的属地单位的意见，该单位一般为企业的某生产车间。

吊装作业

1. 使用倒链或电动葫芦进行操作是否属于吊装作业？

满足 GB 30871—2022 吊装作业定义的，即利用各种吊装机具将设备、工件、器具、材料等吊起，使其发生位置变化的作业均应按照吊装作业的管理要求落实吊装安全措施、办理吊装安全作业票。使用倒链或电动葫芦进行的非常规操作均属于吊装作业。若在固定点使用倒链或电动葫芦进行生产操作且有完善的安全操作规程，可视为常规作业，不按照吊装作业管理。

2. 塔吊作业是否需要分别办理高处安全作业票、吊装安全作业票？

在危险化学品企业生产区内塔吊作业不需要办理高处安全作业票，需要按照 GB 30871—2022 的规定办理吊装作业票。危险化学品企业建设项目建设期间的塔吊作业可执行建筑行业相关标准。

3. 吊装作业时吊物质量低于 10t 的不需要办理吊装安全作业票，现在还有这方面的要求吗？是否区分移动式汽吊和厂房内的桥式起重机？

GB 30871—2022 在附录 B 表 B. 1“安全作业票的办理、审批内容”中规定“吊装质量小于 10t 的作业可不办理《吊装票》，但应进行风险分析，并确保措施可靠”。GB 30871—2022 中吊装作业未区分吊装方式和吊装机具，吊物质量小于 10t 都可以不办理吊装安全作业票。这是考虑到部分企业吊装作业较多，部分企业还存在生产过程中通过吊装平板向高层平台运送物料的现象。如果要求所有的吊装作业全部都要办理吊装安全作业票，会给企业带来较大的工作量，不便于作业的实施。同时部分吊装作业因吊物质量较小，起吊高度较低等原因，潜在的风险也较小，所以为便于企业的实际操作，规范中要求“吊装质量小于 10t 的作业可不办理吊装安全作业票”。

附录作为推荐性要求，并不代表企业可以对吊装质量小于 10t 的吊装作业不用去关注、不用去规范严格管理。一些吊装作业尽管吊物质量小，但如果吊物形状复杂或者周边设备、管道复杂，一旦发生吊物坠落等事件，同样可能会造成人员伤害甚至死亡、财产损失的风险，尤其是在吊运危险物料时，可能会因包装物从高处坠落、碰撞设备、管道等，受撞击或产生静电造成物料泄漏甚至引发人员中毒、化学灼伤以及火灾爆炸等。所以吊装质量小于 10t 的吊装作业同样应进行规范管理，但管理要求由企业自己确定。

对于吊装质量小于 10t 的吊装作业，建议采用如下两种方式进行管理：

（1）企业再细化办理吊装安全作业票的范围，比如吊装质量大于等于 2t 的作业，或明确其他特殊情况的吊装作业，需办理吊装安全作业票。

（2）企业可以在其他作业任务单等记录中，记录所采取的吊装安全措施。

4. 汽车吊的吊装作业指挥人员及司机还需要取证吗？汽车吊指挥人员若不用取证可以安排现场具有管理经验的班组长担任吗？

汽车吊的吊装作业指挥人员及司机不需要取得《特种设备作业人员证》。汽车吊进行吊装作业时，可由有相关吊装作业经验的人员担任吊装指挥。

5. GB 30871—2022 吊装安全作业票（样票）中增加了司索人，同一作业既要指挥又要司索？一个吊装作业中司索人可不可以由指挥人兼任？是不是三个级别的吊装作业均需要设置司索人？

GB 30871—2022 未对司索人做出具体的要求。依据有关文件，司索人不再需要取得有关特种设备操作人员资质，各级吊装作业均应安排司索人，在作业条件允许的情况下司索人可由吊装指挥人兼任。

6. GB 30871—2022 要求：吊物就位时，司索人员应与吊物保持一定的安全距离。“安全距离”如何理解？

吊物就位时，司索人员与吊物的安全距离应从两个方面考虑，一是应避开吊臂旋转半径；二是应避开设备的倒塌、坠落半径。司索人员在安全距离以外用拉绳或撑杆、钩子辅助吊物就位。

7. 吊装作业在一个地方装车、另一个作业地点卸车，这种情况是否可以使用一张吊装安全作业票，将作业地点等全部描述清楚？

对于不同地点、不同内容的作业，应按照标准要求，分别进行作业危害分析，核对风险管控措施，分别办理安全作业票。

8. 标准中未明确吊装安全作业票的有效期，有具体的规定要求吗？

GB 30871—2022 中没有对吊装安全作业票的有效期做出具体要求。但企业在开展吊装作业时，也不是可以随意占用过多的时间，一般以一项任务完整结束为一个节点。企业应合理组织各项作业的实施、提高作业效率，确保作业任务的顺利完成。

对于经常性地采用专用吊具重复吊装重物的作业，可由企业确定吊装安全作业票的有效期(比如 3 天、5 天等)，在有效期内不必每次吊装重复办理安全作业票。企业应结合吊装作业实际情况，对吊装作业进行危险源辨识，并采取相应的安全措施。安全作业票的各级审核、批准人员应对安全措施的落实情况进行逐级的核实确认，以保证作业安全进行。

9. 吊装质量小于10t的吊装作业可不办理《吊装票》，这样的吊装作业是否也可以不设置作业监护人呢？

GB 30871—2022 第 4.10 条规定：作业期间应设监护人。即特殊作业期间，均应设置作业监护人(简单的临时用电：如临时接一台潜水泵抽水，潜水泵抽水期间可不设监护人)。GB 30871—2022 附录 B 明确了“吊装质量小于 10t 的作业可不办理《吊装票》”，但吊装质量小于 10t 的吊装作业依然是特殊作业，仍需要设置作业监护人。即不需要办理吊装安全作业票，并不代表可以不设置作业监护人。

动土作业

1. 如果明确地下无任何管线，动土深度也不会超过0.5m，请问用挖机等机械进行场地平整算动土作业吗?

如果经过核实确认作业区域内地下无相关隐蔽工程设施的，动土深度不超过0.5m，用挖机等机械进行场地平整可不视为动土作业。

2. 如果动土作业是取样打井，深度3m、直径约10cm的井，是否需要办理受限空间安全作业票?

不需要。以上作业不满足受限空间作业的条件，作业人员没有进入的可能。

断路作业

1. GB 30871—2022 第4.4条c)规定“涉及断路、动土作业时，应对作业现场的地下隐蔽工程进行交底”。如何理解断路作业要对地下隐蔽工程进行交底？

断路作业要对地下隐蔽工程进行交底，主要是指涉及动土的断路作业应对断路作业现场的地下隐蔽工程(包括各种生产工艺管网、电、通信工程管网的敷设及运行情况等)进行交底。

2. 吊装作业，占用了车间支干道，已经开具了吊装安全作业票，还需要开具断路安全作业票吗？

依据 GB 30871—2022 中断路作业的定义：生产区域内，交通主、支路与车间引道上进行工程施工、吊装、吊运等各种影响正常交通的作业均属于断路作业。实施断路作业应办理断路安全作业票。吊装作业影响了道路正常通行，即使办理了吊装安全作业票，也同时需要办理断路安全作业票。

附　录

附录1　GB 30871条款修订情况对比

GB 30871—2014		GB 30871—2022		修改原因
条款号	条款内容	条款号	条款内容	
标准名称	《化学品生产单位特殊作业安全规范》	标准名称	《危险化学品企业特殊作业安全规范》	进一步明确文件适用范围。
1　范围	本标准规定了化学品生产单位设备检修中动火、进入受限空间、盲板抽堵、高处作业、吊装、临时用电、动土、断路的安全要求。 本标准适用于化学品生产单位设备检修中涉及的动火作业、受限空间作业、盲板抽堵作业、高处作业、吊装作业、临时用电作业、动土作业、断路作业。	1　范围	本文件规定了危险化学品企业动火作业、受限空间作业、盲板抽堵作业、高处作业、吊装作业、临时用电作业、动土作业、断路作业等特殊作业的安全要求。 本文件适用于危险化学品生产、经营(带储存)企业，化工及医药企业(以下简称"危险化学品企业")。	1. 适用于"设备检修中"，范围偏窄，改为"生产经营过程中"，适用范围更广。 2. 遵照GB/T 1.1—2020《标准化工作导则 第1部分：标准化文件的结构和起草规则》要求，"标准"统一描述成"文件"。 3. "化学品生产单位"改称为"危险化学品企业"。
2　规范性引用文件	GB 2811《安全帽》 GB 2894《安全标志及其使用导则》 GB 3869《体力劳动强度分级》 GB/T 4200《高温作业分级》 GB 5082《起重吊运指挥信号》 GB 6095《安全带》 GB/T 11651《个体防护装备选用规范》	2　规范性引用文件	GB 2894《安全标志及其使用导则》 GB/T 3608《高处作业分级》 GB/T 5082《起重机 手势信号》 GB 6095《坠落防护 安全带》 GB 15322.3《可燃气体探测器 第3部分：工业及商业用途便携式可燃气体探测器》 GB 15577《粉尘防爆安全规程》	对引用的过期且无可代替文件、无关文件进行调整，增补新的文件。

续表

GB 30871—2014		GB 30871—2022		修改原因
条款号	条款内容	条款号	条款内容	
2 规范性引用文件	GB 26557《吊笼有垂直导向的人货两用施工升降机》 GB 50016《建筑设计防火规范》 GB 50074《石油库设计规范》 GB 50160《石油化工企业设计防火规范》 GBZ2.1《工作场所有害因素职业接触限值 第1部分：化学有害因素》 DL 409《电业安全工作规程（电力线路部分）》 JB/T 450《锻造角式高压阀门技术条件》 JGJ 46《施工现场临时用电安全技术规范》	2 规范性引用文件	GB/T 18664《呼吸防护用品的选择、使用和维护》 GB 24543《坠落防护 安全绳》 GB 30077《危险化学品单位应急救援物资配备要求》 GB 39800.1《个体防护装备配备规范 第1部分：总则》 GB 50194《建设工程施工现场供用电安全规范》 GB/T 50493—2019《石油化工可燃气体和有毒气体检测报警设计标准》 GB 51210《建筑施工脚手架安全技术统一标准》 DL 409《电业安全工作规程（电力线路部分）》 GBZ 2.1《工作场所有害因素职业接触限值 第1部分：化学有害因素》 GBZ/T 260《职业禁忌证界定导则》 HG/T 21547《管道用钢制插板、垫环、8字盲板系列》 JB/T 2772《阀门零部件 高压盲板》	对引用的过期且无可代替文件、无关文件进行调整，增补新的文件。

续表

GB 30871—2014		GB 30871—2022		修改原因
条款号	条款内容	条款号	条款内容	
3 术语和定义 3.1	特殊作业 special work 化学品生产单位设备检修过程中可能涉及的动火、进入受限空间、盲板抽堵、高处作业、吊装、临时用电、动土、断路等，对操作者本人、他人及周围建（构）筑物、设备、设施的安全可能造成危害的作业。	3 术语和定义 3.1	特殊作业 special work 危险化学品企业生产经营过程中可能涉及的动火、进入受限空间、盲板抽堵、高处作业、吊装、临时用电、动土、断路等，对作业者本人、他人及周围建（构）筑物、设备设施可能造成危害或损毁的作业。	设备设施的损毁也是后果之一。
3.2	动火作业 hot work 直接或间接产生明火的工艺设备以外的禁火区内可能产生火焰、火花或炽热表面的非常规作业，如使用电焊、气焊（割）、喷灯、电钻、砂轮等进行的作业。	3.4	动火作业 hot work 在直接或间接产生明火的工艺设施以外的禁火区内从事可能产生火焰、火花或炽热表面的非常规作业。 注：包括使用电焊、气焊（割）、喷灯、电钻、砂轮、喷砂机等进行的作业。	1.“设施”比设备范围更宽泛。 2. 喷砂机在企业里也多见，且工作时火花飞溅。
3.3	易燃易爆场所 inflammable and explosive area GB 50016、GB 50160、GB 50074 中火灾危险性分类为甲、乙类区域的场所。	3.2	火灾爆炸危险场所 fire and explosive area 能够与空气形成爆炸性混合物的气体、蒸气、粉尘等介质环境以及在高温、受热、摩擦、撞击、自燃等情况下可能引发火灾、爆炸的场所。	1.“易燃易爆场所”一词使用频繁，概念宽泛，不好用来确定本文件准确适用范围。 2. 新增定义，涵盖了可能发生火灾爆炸的物质场所，判定范围更加精确。

续表

GB 30871—2014		GB 30871—2022		修改原因
条款号	条款内容	条款号	条款内容	
3.4	受限空间　confined space 进出口受限，通风不良，可能存在易燃易爆、有毒有害物质或缺氧，对进入人员的身体健康和生命安全构成威胁的封闭、半封闭设施及场所，如反应器、塔、釜、槽、罐、炉膛、锅筒、管道以及地下室、窨井、坑(池)、下水道或其他封闭、半封闭场所。	3.5	受限空间　confined space 进出受限，通风不良，可能存在易燃易爆、有毒有害物质或缺氧，对进入人员的身体健康和生命安全构成威胁的封闭、半封闭设施及场所。 注：包括反应器、塔、釜、槽、罐、炉膛、锅筒、管道以及地下室、窨井、坑(池)、管沟或其他封闭、半封闭场所。	1. 进出受限范围更加宽泛，包括地坑、管沟等。 2. “下水道”为俗称。
3.5	受限空间作业　operation at confined space 进入或探入受限空间进行的作业。	3.6	受限空间作业　confined space entry 进入或探入受限空间进行的作业。	
3.6	盲板抽堵作业　blinding-pipeline operation with stop plate 在设备、管道上安装和拆卸盲板的作业。	3.7	盲板抽堵作业　blinding-pipeline operation with stop plate 在设备、管道上安装或拆卸盲板的作业。	
3.7	高处作业　work at height 在距坠落基准面 2m 及 2m 以上有可能坠落的高处进行的作业。	3.8	高处作业　work at height 在距坠落基准面 2 m 及 2 m 以上有可能坠落的高处进行的作业。 注：坠落基准面是指坠落处最低点的水平面。	

续表

GB 30871—2014		GB 30871—2022		修改原因
条款号	条款内容	条款号	条款内容	
3.8	坠落基准面　falling datum plane 坠落处最低点的水平面。		删除。	仅在文中出现过 1 次，按照 GB/T 1.1 要求，不做定义，在正文中加注。
3.9	坠落高度　falling height 作业高度　work height 从作业位置到坠落基准面的垂直距离。		删除。	
3.10	异温高处作业　high or low temperature work at height 在高温或低温情况下进行的高处作业。高温是指作业地点具有生产性热源，其环境温度高于本地区夏季室外通风设计计算温度2℃及以上。低温是指作业地点的气温低于 5℃。		删除。	
3.11	带电高处作业　hot-line work at height 采取地（零）电位或等（同）电位方式接近或接触带电体，对带电设备和线路进行检修的高处作业。		删除。	电力专业适用，不属于本文件规定的特殊作业范畴。

续表

GB 30871—2014		GB 30871—2022		修改原因
条款号	条款内容	条款号	条款内容	
3.12	吊装作业　lifting work 利用各种吊装机具将设备、工件、器具、材料等吊起，使其发生位置变化的作业过程。	3.9	吊装作业　lifting work 利用各种吊装机具将设备、工件、器具、材料等吊起，使其发生位置变化的作业。	
3.13	临时用电　temporary electricity 正式运行的电源上所接的非永久性用电。	3.10	临时用电　temporary electricity 在正式运行的电源上所接的非永久性用电。	
3.14	动土作业　excavation work 挖土、打桩、钻探、坑探、地锚入土深度在0.5m以上；使用推土机、压路机等施工机械进行填土或平整场地等可能对地下隐蔽设施产生影响的作业。	3.11	动土作业　excavation work 挖土、打桩、钻探、坑探、地锚入土深度在0.5m以上；使用推土机、压路机等施工机械进行填土或平整场地等可能对地下隐蔽设施产生影响的作业。	
3.15	断路作业　work for road breaking 在化学品生产单位内交通主、支路与车间引道上进行工程施工、吊装、吊运等各种影响正常交通的作业。	3.12	断路作业　work for road breaking 生产区域内，交通主、支路与车间引道上进行工程施工、吊装、吊运等各种影响正常交通的作业。	
		3.3	固定动火区　fixed hot work area 在非火灾爆炸危险场所划出的专门用于动火的区域。	新增定义。

续表

GB 30871—2014		GB 30871—2022		修改原因
条款号	条款内容	条款号	条款内容	
4 基本要求 4.1	作业前，作业单位和生产单位应对作业现场和作业过程中可能存在的危险、有害因素进行辨识，制定相应的安全措施。	4 通用要求 4.1	作业前，危险化学品企业应组织作业单位对作业现场和作业过程中可能存在的危险有害因素进行辨识，开展作业危害分析，制定相应的安全风险管控措施。	1. 明确了危险化学品企业在特殊作业过程中的主体责任。 2. 提出了风险管控的要求。
4.2	作业前，应对参加作业的人员进行安全教育，主要内容如下： a）有关作业的安全规章制度； b）作业现场和作业过程中可能存在的危险、有害因素及应采取的具体安全措施； c）作业过程中所使用的个体防护器具的使用方法及使用注意事项； d）事故的预防、避险、逃生、自救、互救等知识； e）相关事故案例和经验、教训。		大部分删除。	部分内容改为安全措施交底。
4.3	作业前，生产单位应进行如下工作： a）对设备、管线进行隔绝、清洗、置换，并确认满足动火、进入受限空间等作业安全要求； b）对放射源采取相应的安全处置措施；	4.2	作业前，危险化学品企业应采取措施对拟作业的设备设施、管线进行处理，确保满足相应作业安全要求： a）对设备、管线内介质有安全要求的特殊作业，应采用倒空、隔绝、清洗、置换等	1. 照明统一在第4.13条款中集中要求。 2. 引入“能量隔离”的要求。

续表

GB 30871—2014		GB 30871—2022		修改原因
条款号	条款内容	条款号	条款内容	
4.3	c）对作业现场的地下隐蔽工程进行交底； d）腐蚀性介质的作业场所配备人员应急用冲洗水源； e）夜间作业的场所设置满足要求的照明装置； f）会同作业单位组织作业人员到作业现场，了解和熟悉现场环境，进一步核实安全措施的可靠性，熟悉应急救援器材的位置及分布。	4.2	方式进行处理； b）对具有能量的设备设施、环境应采取可靠的能量隔离措施； 注：能量隔离是指将潜在的、可能因失控造成人身伤害、环境损害、设备损坏、财产损失的能量进行有效的控制、隔离和保护。包括机械隔离、工艺隔离、电气隔离、放射源隔离等。 c）对放射源采取相应安全处置措施。	
		4.4	作业前，危险化学品企业应对参加作业的人员进行安全措施交底，主要包括： a）作业现场和作业过程中可能存在的危险、有害因素及采取的具体安全措施与应急措施； b）会同作业单位组织作业人员到作业现场，了解和熟悉现场环境，进一步核实安全措施的可靠性，熟悉应急救援器材的位置及分布； c）涉及断路、动土作业时，应对作业现场的地下隐蔽工程进行交底。	增设“安全措施交底”条款，提出了安全措施交底主要内容。

续表

GB 30871—2014		GB 30871—2022		修改原因
条款号	条款内容	条款号	条款内容	
4.4	作业前，作业单位对作业现场及作业涉及的设备、设施、工器具等进行检查，并使之符合如下要求： a）作业现场消防通道、行车通道应保持畅通；影响作业安全的杂物应清理干净； b）作业现场的梯子、栏杆、平台、箅子板、盖板等设施应完整、牢固，采用的临时设施应确保安全； c）作业现场可能危及安全的坑、井、沟、孔洞等应采取有效防护措施，并设警示标志，夜间应设警示红灯；需要检修的设备上的电器电源应可靠断电，在电源开关处加锁并加挂安全警示牌； d）作业使用的个体防护器具、消防器材、通信设备、照明设备等应完好； e）作业使用的脚手架、起重机械、电气焊用具、手持电动工具等各种工器具应符合作业安全要求；超过安全电压的手持式、移动式电动工器具应逐个配置漏电保护器和电源开关。	4.5	作业前，危险化学品企业应组织作业单位对作业现场及作业涉及的设备、设施、工器具等进行检查，并使之符合如下要求： a）作业现场消防通道、行车通道应保持畅通，影响作业安全的杂物应清理干净； b）作业现场的梯子、栏杆、平台、箅子板、盖板等设施应完整、牢固，采用的临时设施应确保安全； c）作业现场可能危及安全的坑、井、沟、孔洞等应采取有效防护措施，并设警示标志；需要检修的设备上的电器电源应可靠断电，在电源开关处加锁并加挂安全警示牌； d）作业使用的个体防护器具、消防器材、通信设备、照明设备等应完好； e）作业时使用的脚手架、起重机械、电气焊（割）用具、手持电动工具等各种工器具符合作业安全要求，超过安全电压的手持式、移动式电动工器具应逐个配置漏电保护器和电源开关； f）设置符合 GB 2894 的安全警示标志； g）按照 GB 30077 要求配备应急设施； h）腐蚀性介质的作业场所应在现场就近（30m 内）配备人员应急用冲洗水源。	增加了应急设施的要求，明确了警示标志的设置要求。

续表

GB 30871—2014		GB 30871—2022		修改原因
条款号	条款内容	条款号	条款内容	
4.5	进入作业现场的人员应正确佩戴符合 GB 2811 要求的安全帽，作业时，作业人员应遵守本工种安全技术操作规程，并按规定着装及正确佩戴相应的个体防护用品，多工种、多层次交叉作业应统一协调。 特种作业和特种设备作业人员应持证上岗。患有职业禁忌证者不应参与相应作业。 注：职业禁忌证依据 GBZ/T 157—2009。 作业监护人员应坚守岗位，如确需离开，应有专人替代监护。	4.3	进入作业现场的人员应正确佩戴满足 GB 39800.1 要求的个体防护装备。	安全帽划归为个体防护装备。
		4.7/4.9	同一作业区域应减少、控制多工种、多层次交叉作业，最大限度避免交叉作业；交叉作业应由危险化学品企业指定专人统一协调管理，作业前要组织开展交叉作业风险辨识，采取可靠的保护措施，并保持作业之间信息畅通，确保作业安全。 特殊作业涉及的特种作业和特种设备作业人员应取得相应资格证书，持证上岗。界定为 GBZ/T 260 中规定的职业禁忌证者不应参与相应作业。	1. 加强了对交叉作业的安全管理。 2. 更正了职业禁忌证的判定标准。 3. 强调了监护人的作用。
4.6	作业前，作业单位应办理作业审批手续，并有相关责任人签名确认。 同一作业涉及动火、进入受限空间、盲板抽堵、高处作业、吊装、临时用电、动土、断路中的两种或两种以上时，除应同时执行相应的作业要求外，还应同时办理相应的作业审批手续。 作业时审批手续应齐全、安全措施应全部落实、作业环境应符合安全要求。作业审批手续的相关内容参见附录 A 和附录 B。	4.6	作业前，危险化学品企业应组织办理作业审批手续，并由相关责任人签字审批。同一作业涉及两种或两种以上特殊作业时，应同时执行各自作业要求，办理相应的作业审批手续。 作业时，审批手续应齐全、安全措施应全部落实、作业环境应符合安全要求。	明确了由危险化学品企业负责办理安全作业票；全文技术内容强制，不能用参见。

续表

GB 30871—2014		GB 30871—2022		修改原因
条款号	条款内容	条款号	条款内容	
4.7	当生产装置出现异常，可能危及作业人员安全时，生产单位应立即通知作业人员停止作业，迅速撤离。 当作业现场出现异常，可能危及作业人员安全时，作业人员应停止作业，迅速撤离，作业单位应立即通知生产单位。	4.8	当生产装置或作业现场出现异常，可能危及作业人员安全时，作业人员应立即停止作业，迅速撤离，并及时通知相关单位及人员。	合二为一。
4.8	作业完毕，应恢复作业时拆移的盖板、箅子板、扶手、栏杆、防护罩等安全设施的安全使用功能；将作业用的工器具、脚手架、临时电源、临时照明设备等及时撤离现场；将废料、杂物、垃圾、油污等清理干净。	4.14	作业完毕，应及时恢复作业时拆移的盖板、箅子板、扶手、栏杆、防护罩等安全设施的使用功能，恢复临时封闭的沟渠或地井，并清理作业现场，恢复原状。	描述予以简化。
		4.10	作业期间应设监护人。监护人应由具有生产（作业）实践经验的人员担任，并经专项培训考试合格，佩戴明显标识，持培训合格证上岗。 监护人的通用职责要求： a）作业前检查安全作业票。安全作业票应与作业内容相符并在有效期内；核查安全作业票中各项安全措施已得到落实。 b）确认相关作业人员持有效资格证书上岗。	新增内容。强调了监护人的职责，并规定了监护人须经培训考核，持证上岗。

续表

GB 30871—2014		GB 30871—2022		修改原因
条款号	条款内容	条款号	条款内容	
		4.10	c）核查作业人员配备和使用的个体防护装备满足作业要求。 d）对作业人员的行为和现场安全作业条件进行检查与监督，负责作业现场的安全协调与联系。 e）当作业现场出现异常情况时应中止作业，并采取安全有效措施进行应急处置；当作业人员违章时，应及时制止违章，情节严重时，应收回安全作业票、中止作业。 f）作业期间，监护人不应擅自离开作业现场且不应从事与监护无关的事。确需离开作业现场时，应收回安全作业票，中止作业。	新增内容。强调了监护人的职责，并规定了监护人须经培训考核，持证上岗。
		4.11	作业审批人的职责要求： a）应在作业现场完成审批工作； b）应核查安全作业票审批级别与企业管理制度中规定级别一致情况，各项审批环节符合企业管理要求情况； c）应核查安全作业票中各项风险识别及管控措施落实情况。	新增内容，明确审批人的职责，并有别于监护人。

续表

GB 30871—2014		GB 30871—2022		修改原因
条款号	条款内容	条款号	条款内容	
		4.12	作业时使用的移动式可燃、有毒气体检测仪、氧气检测仪应符合 GB 15322.3 和 GB/T 50493—2019 中 5.2 的要求。	新增内容。对作业现场使用的气体检测仪有效性提出了要求。
		4.13	作业现场照明系统配置要求： a）作业现场应设置满足作业要求的照明装备； b）受限空间内使用的照明电压不应超过 36V，并满足安全用电要求；在潮湿容器、狭小容器内作业电压不应超过 12V；在盛装过易燃易爆气体、液体等介质的容器内作业应使用防爆灯具；在可燃性粉尘爆炸环境作业时应采用符合相应防爆等级要求的灯具； c）作业现场可能危及安全的坑、井、沟、孔洞等周围，夜间应设警示红灯； d）动力和照明线路应分路设置。	整合文件中对照明系统的要求，并强调了动力和照明线路应分路设置，确保安全。
		4.15	作业完毕，应及时进行验收确认。	新增内容。补充了作业完毕后验收确认的要求。
		4.16	作业内容变更、作业范围扩大、作业地点转移或超过安全作业票有效期限时，应重新办理安全作业票。	将附录中对安全作业票的要求放入正文条款中，突出了作业变更时重新办票的要求。

续表

GB 30871—2014		GB 30871—2022		修改原因
条款号	条款内容	条款号	条款内容	
		4.17	工艺条件、作业条件、作业方式或作业环境改变时，应重新进行作业危害分析，核对风险管控措施，重新办理安全作业票。	将附录中对安全作业票的要求放入正文条款中，突出了作业变更时重新办票的要求。
		4.18	安全作业票应规范填写，不得涂改。安全作业票样式和管理见附录A和附录B。	将附录中对安全作业票的管理要求放入正文条款中，突出了作业票要认真填写的要求。
5 动火作业 5.1 作业分级 5.1.1	固定动火区外的动火作业一般分为二级动火、一级动火、特殊动火三个级别，遇节日、假日或其他特殊情况，动火作业应升级管理。 注：企业应划定固定动火区及禁火区。	5 动火作业 5.1 作业分级 5.1.1	固定动火区外的动火作业分为特级动火、一级动火和二级动火三个级别；遇节假日、公休日、夜间或其他特殊情况，动火作业应升级管理。	1. 将动火作业级别改为特级、一级和二级，保持口径一致。 2. 增加了公休日、夜间作业提级管理的要求。
5.1.2	二级动火作业：除特殊动火作业和一级动火作业以外的动火作业。凡生产装置或系统全部停车，装置经清洗、置换、分析合格并采取安全隔离措施后，可根据其火灾、爆炸危险性大小，经所在单位安全管理部门批准，动火作业可按二级动火作业管理。	5.1.4	二级动火作业：除特级动火作业和一级动火作业以外的动火作业。 生产装置或系统全部停车，装置经清洗、置换、分析合格并采取安全隔离措施后，根据其火灾、爆炸危险性大小，经危险化学品企业生产负责人或安全管理负责人批准，动火作业可按二级动火作业管理。	进一步明确了审批人员要求。
5.1.3	一级动火作业：在易燃易爆场所进行的除特殊动火作业以外的动火作业。厂区管廊上的动火作业按一级动火作业管理。	5.1.3	一级动火作业：在火灾爆炸危险场所进行的除特级动火作业以外的动火作业，管廊上的动火作业按一级动火作业管理。	“易燃易爆”一词改为“火灾爆炸危险场所”。

续表

GB 30871—2014		GB 30871—2022		修改原因
条款号	条款内容	条款号	条款内容	
5.1.4	特殊动火作业：在生产运行状态下的易燃易爆生产装置、输送管道、储罐、容器等部位上及其他特殊危险场所进行的动火作业，带压不置换动火作业按特殊动火作业管理。	5.1.2	特级动火作业：在火灾爆炸危险场所处于运行状态下的生产装置设备、管道、储罐、容器等部位上进行的动火作业(包括带压不置换动火作业)；存有易燃易爆介质的重大危险源罐区防火堤内的动火作业。	范围中新增了“存有易燃易爆介质的重大危险源罐区防火堤内的动火作业”。对原有说法在保持原意的情况下进行修改。
B.3.1	特殊动火作业和一级动火作业的《动火证》有效期不应超过 8 h；二级动火作业的《动火证》有效期不应超过 72 h。	5.1.5	特级、一级动火安全作业票有效期不应超过 8h；二级动火安全作业票有效期不应超过 72h。	将附录中对安全作业票的有效期要求放入正文条款中。
5.2 作业基本要求 5.2.1	动火作业应有专人监火，作业前应清除动火现场及周围的易燃物品，或采取其他有效安全防火措施，并配备消防器材，满足作业现场应急需求。	5.2 作业基本要求 5.2.1	动火作业应有专人监护，作业前应清除动火现场及周围的易燃物品，或采取其他有效安全防火措施，并配备消防器材，满足作业现场应急需求。	监护人的主要职责是监火。
5.2.2	动火点周围或其下方的地面如有可燃物、空洞、窨井、地沟、水封等，应检查分析并采取清理或封盖等措施；对于动火点周围有可能泄漏易燃、可燃物料的设备，应采取隔离措施。	5.2.4	动火点周围或其下方如有可燃物、电缆桥架、孔洞、窨井、地沟、水封设施、污水井等，应检查分析并采取清理或封盖等措施；对于动火点周围 15m 范围内有可能泄漏易燃、可燃物料的设备设施，应采取隔离措施；对于受热分解可产生易燃易爆、有毒有害物质的场所，应进行风险分析并采取清理或封盖等防护措施。	1. 增加了对污水井的管理要求。 2. 对动火点周围范围进行了量化描述。 3. 对受热分解可产生易燃易爆、有毒有害物质的场所，加强了管理。

续表

GB 30871—2014		GB 30871—2022		修改原因
条款号	条款内容	条款号	条款内容	
5.2.3	凡在盛有或盛装过危险化学品的设备、管道等生产、储存设施及处于 GB 50016、GB 50160、GB 50074 规定的甲、乙类区域的生产设备上动火作业，应将其与生产系统彻底隔离，并进行清洗、置换，分析合格后方可作业；因条件限制无法进行清洗、置换而确需动火作业时按 5.3 规定执行。	5.2.2	凡在盛有或盛装过助燃或易燃易爆危险化学品的设备、管道等生产、储存设施及本文件规定的火灾爆炸危险场所中生产设备上的动火作业，应将上述设备设施与生产系统彻底断开或隔离，不应以水封或仅关闭阀门代替盲板作为隔断措施。	1. 明确了对助燃或易燃易爆场所动火需进行严格隔离的要求。 2. 对采用水封或仅关闭阀门代替盲板作为隔断措施提出了严格禁止的要求。
5.2.4	拆除管线进行动火作业时，应先查明其内部介质及其走向，并根据所要拆除管线的情况制定安全防火措施。	5.2.3	拆除管线进行动火作业时，应先查明其内部介质危险特性、工艺条件及其走向，并根据所要拆除管线的情况制定安全防护措施。	增加了“危险特性、工艺条件”信息的获悉要求，如温度、压力、物料残留量等。
5.2.5	在有可燃物构件和使用可燃物做防腐内衬的设备内部进行动火作业时，应采取防火隔绝措施。	5.2.5	在有可燃物构件和使用可燃物做防腐内衬的设备内部进行动火作业时，应采取防火隔绝措施。	
		5.2.6	在作业过程中可能释放出易燃易爆、有毒有害物质的设备上或设备内部动火时，动火前应进行风险分析，并采取有效的防范措施，必要时应连续检测气体浓度，发现气体浓度超限报警时，应立即停止作业；在较长的物料管线上动火，动火前应在彻底隔绝区域内分段采样分析。	新增内容。对风险较大的动火情景进行从严要求。

续表

GB 30871—2014		GB 30871—2022		修改原因
条款号	条款内容	条款号	条款内容	
		5.2.8	在油气罐区防火堤内进行动火作业时，不应同时进行切水、取样作业。	新增内容。强调了动火作业时不得进行可能造成物料泄漏的其他作业。
5.2.6	在生产、使用、储存氧气的设备上进行动火作业时，设备内氧含量不应超过23.5%。	5.2.7	在生产、使用、储存氧气的设备上进行动火作业时，设备内氧含量不应超过23.5%(体积分数)。	
5.2.7	动火期间距动火点30m内不应排放可燃气体；距动火点15m内不应排放可燃液体；在动火点10m范围内及动火点下方不应同时进行可燃溶剂清洗或喷漆等作业。	5.2.9	动火期间，距动火点30 m内不应排放可燃气体；距动火点15 m内不应排放可燃液体；在动火点10 m范围内、动火点上方及下方不应同时进行可燃溶剂清洗或喷漆作业；在动火点10m范围内不应进行可燃性粉尘清扫作业。	1. 新增了在动火点10m范围内、动火点上方不应同时进行可燃溶剂清洗或喷漆作业的要求。 2. 新增了可燃性粉尘清扫时不能实施动火作业的要求。
5.2.8	铁路沿线25m以内的动火作业，如遇装有危险化学品的火车通过或停留时，应立即停止。	5.2.10	在厂内铁路沿线25m以内动火作业时，如遇装有危险化学品的火车通过或停留时，应立即停止作业。	明确了铁路线为厂内铁路专用线。
		5.2.11	特级动火作业应采集全过程作业影像，且作业现场使用的摄录设备应为防爆型。	新增内容。规定了特级动火作业应采集全过程作业影像的要求。
		5.2.12	使用电焊机作业时，电焊机与动火点的间距不应超过10m，不能满足要求时应将电焊机作为动火点进行管理。	新增内容。强调了对电焊机运行中可能产生的火花进行管理的要求。

续表

GB 30871—2014		GB 30871—2022		修改原因
条款号	条款内容	条款号	条款内容	
5.2.9	使用气焊、气割动火作业时，乙炔瓶应直立放置，氧气瓶与之间距不应小于 5m，二者与作业地点间距不应小于 10m，并应设置防晒设施。	5.2.13	使用气焊、气割动火作业时，乙炔瓶应直立放置，不应卧放使用；氧气瓶与乙炔瓶的间距不应小于 5m，二者与动火点间距不应小于 10m，并应采取防晒和防倾倒措施；乙炔瓶应安装防回火装置。	完善了对乙炔气瓶的安全管理要求。
5.2.10	作业完毕应清理现场，确认无残留火种后方可离开。	5.2.14	作业完毕后应清理现场，确认无残留火种后方可离开。	
5.2.11	五级风以上（含五级）天气，原则上禁止露天动火作业。因生产确需动火，动火作业应升级管理。	5.2.15	遇五级风以上（含五级风）天气，禁止露天动火作业；因生产确需动火，动火作业应升级管理。	
		5.2.16	涉及可燃性粉尘环境的动火作业应满足 GB 15577 要求。	新增内容。增加了可燃性粉尘环境下动火作业的要求。
5.3 特殊动火作业要求	特殊动火作业在符合 5.2 规定的同时，还应符合以下规定： a）在生产不稳定的情况下不应进行带压不置换动火作业； b）应预先制定作业方案，落实安全防火措施，必要时可请专职消防队到现场监护； c）动火点所在的生产车间（分厂）应预先通知工厂生产调度部门及有关单位，使之在异常情况下能及时采取相应的应急措施； d）应在正压条件下进行作业； e）应保持作业现场通排风良好。	5.4 特级动火作业要求 5.4.1	特级动火作业应符合 5.2、5.3 的规定。	特级动火气体检测要合格。
		5.4.2	特级动火作业还应符合以下规定： a）应预先制定作业方案，落实安全防火防爆及应急措施； b）在设备或管道上进行特级动火作业时，设备或管道内应保持微正压； c）存在受热分解爆炸、自爆物料的管道和设备设施上不应进行动火作业； d）生产装置运行不稳定时，不应进行带压不置换动火作业。	补充了存在受热分解爆炸、自爆物料的管道和设备设施上不得进行动火作业的要求。明确了设备、管道上动火，设备内应保持正压要求。

续表

GB 30871—2014		GB 30871—2022		修改原因
条款号	条款内容	条款号	条款内容	
5.4 动火分析及合格判定指标 5.4.1	作业前应进行动火分析，要求如下： a）动火分析的监测点要有代表性，在较大的设备内动火，应对上、中、下各部位进行监测分析；在较长的物料管线上动火，应在彻底隔绝区域内分段分析； b）在设备外部动火，应在不小于动火点10m范围内进行动火分析； c）动火分析与动火作业间隔一般不超过30min，如现场条件不允许，间隔时间可适当放宽，但不应超过60min； d）作业中断时间超过60min，应重新分析，每日动火前均应进行动火分析；特殊动火作业期间应随时进行监测； e）使用便携式可燃气体检测仪或其他类似手段进行分析时，检测设备应经标准气体样品标定合格。	5.3 动火分析及合格标准 5.3.1	动火作业前应进行气体分析，要求如下： a）气体分析的检测点要有代表性，在较大的设备内动火，应对上、中、下（左、中、右）各部位进行检测分析； b）在管道、储罐、塔器等设备外壁上动火，应在动火点10 m范围内进行气体分析，同时还应检测设备内气体含量；在设备及管道外环境动火，应在动火点10 m范围内进行气体分析； c）气体分析取样时间与动火作业开始时间间隔不应超过30min； d）特级、一级动火作业中断时间超过30min，二级动火作业中断时间超过60min，应重新进行气体分析；每日动火前均应进行气体分析；特级动火作业期间应连续进行监测。	1. 补充了在较大的设备内动火，应对左、中、右各部位进行检测分析的要求。 2. 删除了如现场条件不允许，间隔时间可适当放宽，但不应超过60min的要求，加强防控措施。 3. 对特级、一级动火作业中断，重新进行气体分析提出了要求。 4. “在较长的物料管线上动火，应在彻底隔绝区域内分段分析”移到第5.2.6条。 5. 增加了在管道、储罐、塔器等设备外壁上动火，应在动火点10m范围内进行气体分析，同时还应检测设备内气体含量的要求。 6. 对气体检测器的要求调整到第4.12条。

续表

GB 30871—2014		GB 30871—2022		修改原因
条款号	条款内容	条款号	条款内容	
5.4.2	动火分析合格标准为： a）当被测气体或蒸气的爆炸下限大于或等于4%时，其被测浓度应不大于0.5%（体积分数）； b）当被测气体或蒸气的爆炸下限小于4%时，其被测浓度应不大于0.2%（体积分数）。	5.3.2	动火分析合格判定指标为： a）当被测气体或蒸气的爆炸下限大于或等于4%时，其被测浓度应不大于0.5%（体积分数）； b）当被测气体或蒸气的爆炸下限小于4%时，其被测浓度应不大于0.2%（体积分数）。	
		5.5 固定动火区管理 5.5.1 5.5.2	5.5.1 固定动火区的设定应由危险化学品企业审批后确定，设置明显标志；应每年至少对固定动火区进行一次风险辨识，周围环境发生变化时，危险化学品企业应及时辨识、重新划定。 5.5.2 固定动火区的设置应满足以下安全条件要求： a）不应设置在火灾爆炸危险场所； b）应设置在火灾爆炸危险场所全年最小频率风向的下风或侧风方向，并与相邻企业火灾爆炸危险场所满足防火间距要求； c）距火灾爆炸危险场所的厂房、库房、罐区、设备、装置、窨井、排水沟、水封设施等不应小于30m；	新增内容。明确了固定动火区的管理要求。

续表

GB 30871—2014		GB 30871—2022		修改原因
条款号	条款内容	条款号	条款内容	
		5.5 固定动火区管理 5.5.2	d）室内固定动火区应以实体防火墙与其他部分隔开，门窗外开，室外道路畅通； e）位于生产装置区的固定动火区应设置带有声光报警功能的固定式可燃气体检测报警器； f）固定动火区内不应存放可燃物及其他杂物，应制定并落实完善的防火安全措施，明确防火责任人。	新增内容。明确了固定动火区的管理要求。
6 受限空间作业 6.1	作业前，应对受限空间进行安全隔绝，要求如下： a）与受限空间连通的可能危及安全作业的管道应采用插入盲板或拆除一段管道进行隔绝； b）与受限空间连通的可能危及安全作业的孔、洞应进行严密地封堵； c）受限空间内的用电设备应停止运行并有效切断电源，在电源开关处上锁并加挂警示牌。	6 受限空间作业 6.1	作业前，应对受限空间进行安全隔离，要求如下： a）与受限空间连通的可能危及安全作业的管道应采用加盲板或拆除一段管道的方式进行隔离；不应采用水封或关闭阀门代替盲板作为隔断措施； b）与受限空间连通的可能危及安全作业的孔、洞应进行严密封堵； c）对作业设备上的电器电源，应采取可靠的断电措施，电源开关处应上锁并加挂警示牌。	明确了不得采用水封或关闭阀门代替盲板的要求。

续表

GB 30871—2014		GB 30871—2022		修改原因
条款号	条款内容	条款号	条款内容	
6.2	作业前，应根据受限空间盛装（过）的物料特性，对受限空间进行清洗或置换，并达到如下要求： a）氧含量为18%~21%，在富氧环境下不应大于23.5%； b）有毒气体（物质）浓度应符合GBZ 2.1的规定； c）可燃气体浓度要求同5.4.2规定。	6.4	受限空间内气体检测内容及要求如下： a）氧气含量为19.5%~21%（体积分数），在富氧环境下不应大于23.5%（体积分数）； b）有毒物质允许浓度应符合GBZ 2.1的规定； c）可燃气体、蒸气浓度要求应符合5.3.2的规定。	对受限空间内氧气含量执行GB 8958《缺氧危险作业安全规程》规定。
6.3	应保持受限空间空气流通良好，可采取如下措施： a）打开人孔、手孔、料孔、风门、烟门等与大气相通的设施进行自然通风； b）必要时，应采用风机强制通风或管道送风，管道送风前应对管道内介质和风源进行分析确认。	6.2	作业前，应保持受限空间内空气流通良好，可采取如下措施： a）打开人孔、手孔、料孔、风门、烟门等与大气相通的设施进行自然通风； b）必要时，可采用强制通风或管道送风，管道送风前应对管道内介质和风源进行分析确认； c）在忌氧环境中作业，通风前应对作业环境中与氧性质相抵的物料采取卸放、置换或清洗合格的措施，达到可以通风的安全条件要求。	补充了忌氧环境下清洗置换的作业要求。

续表

<table>
<tr><th colspan="2">GB 30871—2014</th><th colspan="2">GB 30871—2022</th><th rowspan="2">修改原因</th></tr>
<tr><th>条款号</th><th>条款内容</th><th>条款号</th><th>条款内容</th></tr>
<tr><td rowspan="2">6.4</td><td rowspan="2">应对受限空间内的气体浓度进行严格监测，监测要求如下：
a）作业前30min内，应对受限空间进行气体分析，分析合格后方可进入，如现场条件不允许，时间可适当放宽，但不应超过60min；
b）监测点应有代表性，容积较大的受限空间，应对上、中、下各部位进行监测分析；
c）分析仪器应在校验有效期内，使用前应保证其处于正常工作状态；
d）监测人员深入或探入受限空间监测时应采取6.5中规定的个体防护措施；
e）作业中应定时监测，至少每2h监测一次，如监测分析结果有明显变化，应立即停止作业，撤离人员，对现场进行处理，分析合格后方可恢复作业；
f）对可能释放有害物质的受限空间，应连续监测，情况异常时应立即停止作业，撤离人员，对现场进行处理，分析合格后方可恢复作业；
g）涂刷具有挥发性溶剂的涂料时，应做连续分析，并采取强制通风措施；
h）作业中断时间超过60min时，应重新进行分析。</td><td>6.3</td><td>作业前，应确保受限空间内的气体环境满足作业要求，内容如下：
a）作业前30min内，对受限空间进行气体检测，检测分析合格后方可进入；
b）检测点应有代表性，容积较大的受限空间，应对上、中、下（左、中、右）各部位进行检测分析；
c）检测人员进入或探入受限空间检测时，应佩戴6.6中规定的个体防护装备；
d）涂刷具有挥发性溶剂的涂料时，应采取强制通风措施；
e）不应向受限空间充纯氧气或富氧空气；
f）作业中断时间超过60min时，应重新进行气体检测分析。</td><td>1. 删除了可操作性不强的有关内容。
2. 明确了容积较大的受限空间，气体检测点还应包括左、中、右部位。
3. 提出了禁止鼓入纯氧和富氧的要求。</td></tr>
<tr><td>6.5</td><td>作业时，作业现场应配置移动式气体检测报警仪，连续检测受限空间内可燃气体、有毒气体及氧气浓度，并2h记录1次；气体浓度超限报警时，应立即停止作业、撤离人员、对现场进行处理，重新检测合格后方可恢复作业。</td><td>突出了所有受限空间内作业均需连续检测气体浓度的要求。</td></tr>
</table>

续表

GB 30871—2014		GB 30871—2022		修改原因
条款号	条款内容	条款号	条款内容	
6.5	进入下列受限空间作业应采取如下防护措施： a）缺氧或有毒的受限空间经清洗或置换仍达不到6.2要求的，应佩戴隔绝式呼吸器，必要时应拴带救生绳； b）易燃易爆的受限空间经清洗或置换仍达不到6.2要求的，应穿防静电工作服及防静电工作鞋，使用防爆型低压灯具及防爆工具； c）酸碱等腐蚀性介质的受限空间，应穿戴防酸碱防护服、防护鞋、防护手套等防腐蚀护品； d）有噪声产生的受限空间，应配戴耳塞或耳罩等防噪声护具； e）有粉尘产生的受限空间，应配戴防尘口罩、眼罩等防尘护具； f）高温的受限空间，进入时应穿戴高温防护用品，必要时采取通风、隔热、佩戴通讯设备等防护措施； g）低温的受限空间，进入时应穿戴低温防护用品，必要时采取供暖、佩戴通讯设备等措施。	6.6	进入受限空间作业人员应正确穿戴相应的个体防护装备。进入下列受限空间作业应采取如下防护措施： a）缺氧或有毒的受限空间经清洗或置换仍达不到6.4要求的，应佩戴满足GB/T 18664要求的隔绝式呼吸防护装备，并正确拴带救生绳； b）易燃易爆的受限空间经清洗或置换仍达不到6.4要求的，应穿防静电工作服及工作鞋，使用防爆工器具； c）存在酸碱等腐蚀性介质的受限空间，应穿戴防酸碱防护服、防护鞋、防护手套等防腐蚀装备； d）在受限空间内从事电焊作业时，应穿绝缘鞋； e）有噪声产生的受限空间，应佩戴耳塞或耳罩等防噪声护具； f）有粉尘产生的受限空间，应在满足GB 15577要求的条件下，按GB 39800.1要求佩戴防尘口罩等防尘护具； g）高温的受限空间，应穿戴高温防护用品，必要时采取通风、隔热等防护措施；	1. 补充了在受限空间内实施电焊作业的防护措施。 2. 明确粉尘环境下个体防护装备选用按GB/T 11651要求。 3. 对受限空间内作业提出了通信工具配备要求。 4. 对受限空间内清污提出了安全要求。

续表

GB 30871—2014		GB 30871—2022		修改原因
条款号	条款内容	条款号	条款内容	
		6.6	h）低温的受限空间，应穿戴低温防护用品，必要时采取供暖措施； i）在受限空间内从事清污作业，应佩戴隔绝式呼吸防护装备，并正确拴带救生绳； j）在受限空间内作业时，应配备相应的通信工具。	
		6.7	当一处受限空间存在动火作业时，该处受限空间内不应安排涂刷油漆、涂料等其他可能产生有毒有害、可燃物质的作业活动。	新增内容。规定受限空间内禁止交叉作业的类型。
6.6	照明及用电安全要求如下： a）受限空间照明电压应小于或等于 36V，在潮湿容器、狭小容器内作业电压应小于或等于 12V； b）在潮湿容器中，作业人员应站在绝缘板上，同时保证金属容器接地可靠。			对作业场所的照明要求统一归纳在第 4.13 款提出。
6.7	作业监护要求如下： a）在受限空间外应设有专人监护，作业期间监护人员不应离开； b）在风险较大的受限空间作业时，应增设监护人员，并随时与受限空间内作业人员保持联络。	6.8	对监护人的特殊要求： a）监护人应在受限空间外进行全程监护，不应在无任何防护措施的情况下探入或进入受限空间； b）在风险较大的受限空间作业时，应增设监护人员，并随时与受限空间内作业人员	1. 强调了监护人进行全程监护的要求，同时提出了必要时增设监护人和严禁盲目施救的要求。 2. 完善了监护人的安全职责，对进入受限空间的人员及

续表

GB 30871—2014		GB 30871—2022		修改原因
条款号	条款内容	条款号	条款内容	
		6.8	保持联络； c）监护人应对进入受限空间的人员及其携带的工器具种类、数量进行登记，作业完毕后再次进行清点，防止遗漏在受限空间内。	其携带的工器具情况提出要求。
6.8	应满足的其他要求如下： a）受限空间外应设置安全警示标志，备有空气呼吸器（氧气呼吸器）、消防器材和清水等相应的应急用品； b）受限空间出入口应保持畅通； c）作业前后应清点作业人员和作业工器具； d）作业人员不应携带与作业无关的物品进入受限空间；作业中不应抛掷材料、工器具等物品；在有毒、缺氧环境下不应摘下防护面具；不应向受限空间充氧气或富氧空气；离开受限空间时应将气割（焊）工器具带出； e）难度大、劳动强度大、时间长的受限空间作业应采取轮换作业方式； f）作业结束后，受限空间所在单位和作业单位共同检查受限空间内外，确认无问题后方可封闭受限空间； g）最长作业时限不应超过24h，特殊情况超过时限的应办理作业延期手续。	6.9	受限空间作业应满足的其他要求： a）受限空间出入口应保持畅通； b）作业人员不应携带与作业无关的物品进入受限空间；作业中不应抛掷材料、工器具等物品；在有毒、缺氧环境下不应摘下防护面具； c）难度大、劳动强度大、时间长、高温的受限空间作业应采取轮换作业方式； d）接入受限空间的电线、电缆、通气管应在进口处进行保护或加强绝缘，应避免与人员出入使用同一出入口； e）作业期间发生异常情况时，未穿戴6.6规定个体防护装备的人员严禁入内救援； f）停止作业期间，应在受限空间入口处增设警示标志，并采取防止人员误入的措施； g）作业结束后，应将工器具带出受限空间。	1. 删除了可操作性不强的内容。 2. 明确了施救人员的自身防护条件。
		6.10	受限空间安全作业票有效期不应超过24 h。	超期需重新办理票证。

续表

GB 30871—2014		GB 30871—2022		修改原因
条款号	条款内容	条款号	条款内容	
7 盲板抽堵作业 7.1	生产车间(分厂)应预先绘制盲板位置图，对盲板进行统一编号，并设专人统一指挥作业。	7 盲板抽堵作业 7.1	作业前，危险化学品企业应预先绘制盲板位置图，对盲板进行统一编号，并设专人统一指挥作业。	明确了企业的统一叫法。
		7.2	在不同危险化学品企业共用的管道上进行盲板抽堵作业，作业前应告知上下游相关单位。	新增条款。规定了在上下游关联的物料管道上加盲板的要求。
7.2	应根据管道内介质的性质、温度、压力和管道法兰密封面的口径等选择相应材料、强度、口径和符合设计、制造要求的盲板及垫片。高压盲板使用前应经超声波探伤，并符合 JB/T 450 的要求。	7.3	作业单位应根据管道内介质的性质、温度、压力和管道法兰密封面的口径等选择相应材料、强度、口径和符合设计、制造要求的盲板及垫片，高压盲板使用前应经超声波探伤；盲板选用应符合 HG/T 21547 或 JB/T 2772 的要求。	调整了盲板选用的标准文号。
7.3	作业单位应按图进行盲板抽堵作业，并对每个盲板设标牌进行标识，标牌编号应与盲板位置图上的盲板编号一致。生产车间(分厂)应逐一确认并做好记录。	7.4	作业单位应按位置图进行盲板抽堵作业，并对每个盲板进行标识，标牌编号应与盲板位置图上的盲板编号一致，危险化学品企业应逐一确认并做好记录。	明确了企业的统一叫法。
7.4	作业时，作业点压力应降为常压，并设专人监护。	7.5	作业前，应降低系统管道压力至常压，保持作业现场通风良好，并设专人监护。	强调了封闭场所加强通风的要求。

续表

GB 30871—2014		GB 30871—2022		修改原因
条款号	条款内容	条款号	条款内容	
7.5	在有毒介质的管道、设备上进行盲板抽堵作业时，作业人员应按 GB/T 11651 的要求选用防护用具。	7.9	在有毒介质的管道、设备上进行盲板抽堵作业时，作业人员应按 GB 39800.1 的要求选用防护用具。在涉及硫化氢、氯气、氨气、一氧化碳及氰化物等毒性气体的管道、设备上进行作业时，除满足上述要求外，还应佩戴移动式气体检测仪。	进一步明确了在有毒介质中作业情况下，配备防护用具和移动式气体检测仪的要求，以保证应急救援需要。
7.6	在易燃易爆场所进行盲板抽堵作业时，作业人员应穿防静电工作服、工作鞋，并应使用防爆灯具和防爆工具；距盲板抽堵作业地点 30m 内不应有动火作业。	7.6	在火灾爆炸危险场所进行盲板抽堵作业时，作业人员应穿防静电工作服、工作鞋，并使用防爆工具；距盲板抽堵作业地点 30m 内不应有动火作业。	
7.7	在强腐蚀性介质的管道、设备上进行盲板抽堵作业时，作业人员应采取防止酸碱灼伤的措施。	7.7	在强腐蚀性介质的管道、设备上进行盲板抽堵作业时，作业人员应采取防止酸碱化学灼伤的措施。	
7.8	介质温度较高、可能造成烫伤的情况下，作业人员应采取防烫措施。	7.8	在介质温度较高或较低、可能造成人员烫伤或冻伤的管道、设备上进行盲板抽堵作业时，作业人员应采取防烫、防冻措施。	增加了低温下作业防止人员冻伤的要求。
7.9	不应在同一管道上同时进行两处及两处以上的盲板抽堵作业。	7.10	不应在同一管道上同时进行两处或两处以上的盲板抽堵作业。	

续表

GB 30871—2014		GB 30871—2022		修改原因
条款号	条款内容	条款号	条款内容	
		7.11	同一盲板的抽、堵作业，应分别办理盲板抽、堵安全作业票，一张安全作业票只能进行一块盲板的一项作业。	新增内容。强调了一张作业票只能进行一块盲板的一项作业，以加强风险管控。
7.10	盲板抽堵作业结束，由作业单位和生产车间(分厂)专人共同确认。	7.12	盲板抽堵作业结束，由作业单位和危险化学品企业专人共同确认。	
8 高处作业 8.1 作业分级 8.1.1	作业高度 h 分为四个区段：$2m \leq h \leq 5m$；$5m<h \leq 15m$；$15m<h \leq 30m$；$h>30m$。	8 高处作业 8.1 作业分级 8.1.1	作业高度 h 按照 GB/T 3608 分为四个区段：$2m \leq h \leq 5m$；$5m<h \leq 15m$；$15m<h \leq 30m$；$h>30m$。	
8.1.2	直接引起坠落的客观危险因素分为11种： a）阵风风力五级(风速8.0m/s)以上； b）GB/T 4200规定的Ⅱ级或Ⅱ级以上的高温作业； c）平均气温等于或低于5℃的作业环境； d）接触冷水温度等于或低于12℃的作业； e）作业场地有冰、雪、霜、水、油等易滑物； f）作业场所光线不足或能见度差；	8.1.2	直接引起坠落的客观危险因素主要分为9种： a）阵风风力五级(风速8.0m/s)以上； b）平均气温等于或低于5℃的作业环境； c）接触冷水温度等于或低于12℃的作业； d）作业场地有冰、雪、霜、油、水等易滑物； e）作业场所光线不足或能见度差； f）作业活动范围与危险电压带电体距离小于表1的规定；	删除了2条作废标准要求的内容。

续表

<table>
<tr><th colspan="2">GB 30871—2014</th><th colspan="2">GB 30871—2022</th><th rowspan="2">修改原因</th></tr>
<tr><th>条款号</th><th>条款内容</th><th>条款号</th><th>条款内容</th></tr>
<tr><td>8.1.2</td><td>g）作业活动范围与危险电压带电体距离小于表1的规定；
表1　作业活动范围与危险电压带电体的距离
危险电压带电体的电压等级/kV：≤10 / 35 / 63～110 / 220 / 330 / 500
距离/m：1.7 / 2.0 / 2.5 / 4.0 / 5.0 / 6.0
h）摆动，立足处不是平面或只有很小的平面，即任一边小于500mm的矩形平面、直径小于500mm的圆形平面或具有类似尺寸的其他形状的平面，致使作业者无法维持正常姿势；
i）GB 3869规定的Ⅲ级或Ⅲ级以上的体力劳动强度；
j）存在有毒气体或空气中含氧量低于19.5%的作业环境；
k）可能会引起各种灾害事故的作业环境和抢救突然发生的各种灾害事故。</td><td>8.1.2</td><td>表1　作业活动范围与危险电压带电体的距离
危险电压带电体的电压等级/kV：≤10 / 35 / 63～110 / 220 / 330 / 500
距离/m：1.7 / 2.0 / 2.5 / 4.0 / 5.0 / 6.0
g）摆动，立足处不是平面或只有很小的平面，即任一边小于500mm的矩形平面、直径小于500mm的圆形平面或具有类似尺寸的其他形状的平面，致使作业者无法维持正常姿势；
h）存在有毒气体或空气中含氧量低于19.5%（体积分数）的作业环境；
i）可能会引起各种灾害事故的作业环境和抢救突然发生的各种灾害事故。</td><td></td></tr>
</table>

续表

<table>
<tr><th colspan="2">GB 30871—2014</th><th colspan="2">GB 30871—2022</th><th rowspan="2">修改原因</th></tr>
<tr><th>条款号</th><th>条款内容</th><th>条款号</th><th>条款内容</th></tr>
<tr><td>8.1.3</td><td>不存在 8.1.2 列出的任一种客观危险因素的高处作业按表 2 规定的 A 类法分级，存在 8.1.2 列出的一种或一种以上客观危险因素的高处作业按表 2 规定的 B 类法分级。
表 2　高处作业分级<table><tr><th rowspan="2">分类法</th><th colspan="4">高处作业高度/m</th></tr><tr><th>2≤ h≤5</th><th>5< h≤15</th><th>15< h≤30</th><th>h>30</th></tr><tr><td>A</td><td>Ⅰ</td><td>Ⅱ</td><td>Ⅲ</td><td>Ⅳ</td></tr><tr><td>B</td><td>Ⅱ</td><td>Ⅲ</td><td>Ⅳ</td><td>Ⅳ</td></tr></table></td><td>8.1.3</td><td>不存在 8.1.2 列出的任一种客观危险因素的高处作业按表 2 规定的 A 类法分级，存在 8.1.2 列出的一种或一种以上客观危险因素的高处作业按表 2 规定的 B 类法分级。
表 2　高处作业分级<table><tr><th rowspan="2">分类法</th><th colspan="4">高处作业高度/m</th></tr><tr><th>2≤ h≤5</th><th>5< h≤15</th><th>15< h≤30</th><th>h>30</th></tr><tr><td>A</td><td>Ⅰ</td><td>Ⅱ</td><td>Ⅲ</td><td>Ⅳ</td></tr><tr><td>B</td><td>Ⅱ</td><td>Ⅲ</td><td>Ⅳ</td><td>Ⅳ</td></tr></table></td><td></td></tr>
<tr><td>8.2　作业要求
8.2.1</td><td>作业人员应正确佩戴符合 GB 6095 要求的安全带。
带电高处作业应使用绝缘工具或穿均压服。
Ⅳ级高处作业（30m 以上）宜配备通讯联络工具。</td><td>8.2　作业要求
8.2.1</td><td>高处作业人员应正确佩戴符合 GB 6095 要求的安全带及符合 GB 24543 要求的安全绳，30m 以上高处作业应配备通信联络工具。</td><td>1. 将 30m 以上的作业配备通信工具作为强制要求。
2. 高处用电作业执行临时用电要求。</td></tr>
<tr><td>8.2.2</td><td>高处作业应设专人监护，作业人员不应在作业处休息。</td><td>8.2.2</td><td>高处作业应设专人监护，作业人员不应在作业处休息。</td><td></td></tr>
</table>

续表

GB 30871—2014		GB 30871—2022		修改原因
条款号	条款内容	条款号	条款内容	
8.2.3	应根据实际需要配备符合 GB 26557 等标准安全要求的吊笼、梯子、挡脚板、跳板等，脚手架的搭设应符合国家有关标准。	8.2.3	应根据实际需要配备符合安全要求的作业平台、吊笼、梯子、挡脚板、跳板等；脚手架的搭设、拆除和使用应符合 GB 51210 等有关标准要求。	1. 补充了对高处作业时作业平台的要求。 2. 明确了辅助设施适用的具体国家标准。
8.2.4	在彩钢板屋顶、石棉瓦、瓦棱板等轻型材料上作业，应铺设牢固的脚手板并加以固定，脚手板上要有防滑措施。	8.2.4	高处作业人员不应站在不牢固的结构物上进行作业；在彩钢板屋顶、石棉瓦、瓦棱板等轻型材料上作业，应铺设牢固的脚手板并加以固定，脚手板上要有防滑措施；不应在未固定、无防护设施的构件及管道上进行作业或通行。	完善了高处作业的安全措施，规定了严禁站在管道上作业的要求。
8.2.5	在临近排放有毒、有害气体、粉尘的放空管线或烟囱等场所进行作业时，应预先与作业所在地有关人员取得联系、确定联络方式，并为作业人员配备必要的且符合相关国家标准的防护器具(如空气呼吸器、过滤式防毒面具或口罩等)。	8.2.5	在邻近排放有毒、有害气体、粉尘的放空管线或烟囱等场所进行作业时，应预先与作业属地生产人员取得联系，并采取有效的安全防护措施，作业人员应配备必要的符合国家相关标准的防护装备(如隔绝式呼吸防护装备、过滤式防毒面具或口罩等)。	
8.2.6	雨天和雪天作业时，应采取可靠的防滑、防寒措施；遇有五级以上强风、浓雾等恶劣气候，不应进行高处作业、露天攀登与悬空高处作业；暴风雪、台风、暴雨后，应对作业安全设施进行检查，发现问题立即处理。	8.2.6	雨天和雪天作业时，应采取可靠的防滑、防寒措施；遇有五级风以上(含五级风)、浓雾等恶劣天气，不应进行高处作业、露天攀登与悬空高处作业；暴风雪、台风、暴雨后，应对作业安全设施进行检查，发现问题立即处理。	

续表

GB 30871—2014		GB 30871—2022		修改原因
条款号	条款内容	条款号	条款内容	
8.2.7	作业使用的工具、材料、零件等应装入工具袋，上下时手中不应持物，不应投掷工具、材料及其他物品。易滑动、易滚动的工具、材料堆放在脚手架上时，应采取防坠落措施。	8.2.7	作业使用的工具、材料、零件等应装入工具袋，上下时手中不应持物，不应投掷工具、材料及其他物品；易滑动、易滚动的工具、材料堆放在脚手架上时，应采取防坠落措施。	
8.2.8	与其他作业交叉进行时，应按指定的路线上下，不应上下垂直作业，如果确需垂直作业应采取可靠的隔离措施。	8.2.8	在同一坠落方向上，一般不应进行上下交叉作业，如需进行交叉作业，中间应设置安全防护层，坠落高度超过 24m 的交叉作业，应设双层防护。	进一步细化条款要求，使其更具有可操作性。
8.2.9	因作业必需，临时拆除或变动安全防护设施时，应经作业审批人员同意，并采取相应的防护措施，作业后应立即恢复。	8.2.9	因作业需要，须临时拆除或变动作业对象的安全防护设施时，应经作业审批人员同意，并采取相应的防护措施，作业后应及时恢复。	
8.2.10	作业人员在作业中如果发现异常情况，应及时发出信号，并迅速撤离现场。		删除。	已在其他条款中做要求。
8.2.11	拆除脚手架、防护棚时，应设警戒区并派专人监护，不应上部和下部同时施工。	8.2.10	拆除脚手架、防护棚时，应设警戒区并派专人监护，不应上下同时施工。	
		8.2.11	安全作业票的有效期最长为 7 天。当作业中断，再次作业前，应重新对环境条件和安全措施进行确认。	新增内容。明确了作业票的有效期。

续表

GB 30871—2014		GB 30871—2022		修改原因
条款号	条款内容	条款号	条款内容	
9 吊装作业 9.1 作业分级	吊装作业按照吊装重物质量 m 不同分为： a）一级吊装作业：$m>100t$； b）二级吊装作业：$40t \leq m \leq 100t$； c）三级吊装作业：$m<40t$。	9 吊装作业 9.1 作业分级	吊装作业按照吊物质量 m 不同分为： a）一级吊装作业：$m>100t$ ； b）二级吊装作业：$40t \leq m \leq 100t$； c）三级吊装作业：$m<40t$。	
9.2 作业要求 9.2.1	三级以上的吊装作业，应编制吊装作业方案。吊装物体质量虽不足 40t，但形状复杂、刚度小、长径比大、精密贵重，以及在作业条件特殊的情况下，也应编制吊装作业方案，吊装作业方案应经审批。	9.2.1	一、二级吊装作业，应编制吊装作业方案。吊装物体质量虽不足 40t，但形状复杂、刚度小、长径比大、精密贵重，以及在作业条件特殊的情况下，三级吊装作业也应编制吊装作业方案；吊装作业方案应经审批。	进一步明确需编制作业方案的作业等级。
9.2.2	吊装现场应设置安全警戒标志，并设专人监护，非作业人员禁止入内，安全警戒标志应符合 GB 2894 的规定。		删除。	条款要求与前文重复。
9.2.3	不应靠近输电线路进行吊装作业。确需在输电线路附近作业时，起重机械的安全距离应大于起重机械的倒塌半径并符合 DL 409 的要求；不能满足时，应停电后再进行作业。吊装场所如有含危险物料的设备、管道等时，应制定详细吊装方案，并对设备、管道采取有效防护措施，必要时停车，放空物料，置换后进行吊装作业。	9.2.3	不应靠近高架电力线路进行吊装作业；确需在电力线路附近作业时，起重机械的安全距离应大于起重机械的倒塌半径并符合 DL 409 的要求；不能满足时，应停电后再进行作业。	
		9.2.2	吊装场所如有含危险物料的设备、管道时，应制定详细吊装方案，并对设备、管道采取有效防护措施，必要时停车，放空物料，置换后再进行吊装作业。	

续表

GB 30871—2014		GB 30871—2022		修改原因
条款号	条款内容	条款号	条款内容	
9.2.4	大雪、暴雨、大雾及六级以上风时，不应露天作业。	9.2.4	大雪、暴雨、大雾、六级及以上大风时，不应露天作业。	
9.2.5	作业前，作业单位应对起重机械、吊具、索具、安全装置等进行检查，确保其处于完好状态。	9.2.5	作业前，作业单位应对起重机械、吊具、索具、安全装置等进行检查，确保其处于完好、安全状态，并签字确认。	落实责任。
9.2.6	应按规定负荷进行吊装，吊具、索具应经计算选择使用，不应超负荷吊装。	9.2.7	应按规定负荷进行吊装，吊具、索具应经计算选择使用，不应超负荷吊装。	
9.2.7	不应利用管道、管架、电杆、机电设备等作吊装锚点。未经土建专业审查核算，不应将建筑物、构筑物作为锚点。	9.2.8	不应利用管道、管架、电杆、机电设备等作吊装锚点；未经土建专业人员审查核算，不应将建筑物、构筑物作为锚点。	
9.2.8	起吊前应进行试吊，试吊中检查全部机具、地锚受力情况，发现问题应将吊物放回地面，排除故障后重新试吊，确认正常后方可正式吊装。	9.2.9	起吊前应进行试吊，试吊中检查全部机具、锚点受力情况，发现问题应立即将吊物放回地面，排除故障后重新试吊，确认正常后方可正式吊装。	
9.2.9	指挥人员应佩戴明显的标志，并按GB 5082规定的联络信号进行指挥。	9.2.6	指挥人员应佩戴明显的标志，并按GB/T 5082规定的联络信号进行指挥。	
9.2.10	起重机械操作人员应遵守如下规定： a）按指挥人员发出的指挥信号进行操作；任何人发出的紧急停车信号均应立即执行；吊装过程中出现故障，应立即向指挥人员报告；	9.2.10	吊装作业人员应遵守如下规定： a）按指挥人员发出的指挥信号进行操作；任何人发出的紧急停车信号均应立即执行；吊装过程中出现故障，应立即向指挥人员报告；	

续表

GB 30871—2014		GB 30871—2022		修改原因
条款号	条款内容	条款号	条款内容	
9.2.10	b）重物接近或达到额定起重吊装能力时，应检查制动器，用低高度、短行程试吊后，再吊起； c）利用两台或多台起重机械吊运同一重物时应保持同步，各台起重机械所承受的载荷不应超过各自额定起重能力的80%； d）下放吊物时，不应自由下落（溜）；不应利用极限位置限制器停车； e）不应在起重机械工作时对其进行检修；不应在有载荷的情况下调整起升变幅机构的制动器； f）停工和休息时，不应将吊物、吊笼、吊具和吊索悬在空中； g）以下情况不应起吊： 1）无法看清场地、吊物，指挥信号不明； 2）起重臂吊钩或吊物下面有人、吊物上有人或浮置物； 3）重物捆绑、紧固、吊挂不牢，吊挂不平衡，绳打结，绳不齐，斜拉重物，棱角吊物与钢丝绳之间没有衬垫； 4）重物质量不明、与其他重物相连、埋在地下、与其他物体冻结在一起。	9.2.10	b）吊物接近或达到额定起重吊装能力时，应检查制动器，用低高度、短行程试吊后，再吊起； c）利用两台或多台起重机械吊运同一吊物时应保持同步，各台起重机械所承受的载荷不应超过各自额定起重能力的80%； d）下放吊物时，不应自由下落（溜）；不应利用极限位置限制器停车； e）不应在起重机械工作时对其进行检修；不应在有载荷的情况下调整起升变幅机构的制动器； f）停工和休息时，不应将吊物、吊笼、吊具和吊索悬在空中； g）以下情况不应起吊： 1）无法看清场地、吊物，指挥信号不明； 2）起重臂吊钩或吊物下面有人、吊物上有人或浮置物； 3）重物捆绑、紧固、吊挂不牢，吊挂不平衡，索具打结，索具不齐，斜拉重物，棱角吊物与钢丝绳之间无衬垫； 4）吊物质量不明，与其他吊物相连，埋在地下，与其他物体冻结在一起。	

续表

GB 30871—2014		GB 30871—2022		修改原因
条款号	条款内容	条款号	条款内容	
9.2.11	司索人员应遵守如下规定： a）听从指挥人员的指挥，并及时报告险情； b）不应用吊钩直接缠绕重物及将不同种类或不同规格的索具混在一起使用； c）吊物捆绑应牢靠，吊点和吊物的重心应在同一垂直线上；起升吊物时应检查其连接点是否牢固、可靠；吊运零散件时，应使用专门的吊篮、吊斗等器具，吊篮、吊斗等不应装满； d）起吊重物就位时，应与吊物保持一定的安全距离，用拉伸或撑杆、钩子辅助其就位； e）起吊重物就位前，不应解开吊装索具； f）9.2.10 中与司索人员有关的不应起吊的情况，司索工应做相应处理。	9.2.11	司索人员应遵守如下规定： a）听从指挥人员的指令，并及时报告险情； b）不应用吊钩直接缠绕吊物及将不同种类或不同规格的索具混在一起使用； c）吊物捆绑应牢靠，吊点设置应根据吊物重心位置确定，保证吊装过程中吊物平衡；起升吊物时应检查其连接点是否牢固、可靠；吊运零散件时，应使用专门的吊篮、吊斗等器具，吊篮、吊斗等不应装满； d）吊物就位时，应与吊物保持一定的安全距离，用拉绳或撑杆、钩子辅助其就位； e）吊物就位前，不应解开吊装索具； f）9.2.10 中与司索人员有关的不应起吊的情况，司索人员应做相应处理。	
		9.2.12	监护人员应确保吊装过程中警戒范围区内没有非作业人员或车辆经过；吊装过程中吊物及起重臂移动区域下方不应有任何人员经过或停留。	对第 9.2.2 条款调整与细化，完善作业安全要求。

续表

GB 30871—2014		GB 30871—2022		修改原因
条款号	条款内容	条款号	条款内容	
9.2.12	用定型起重机械(例如履带吊车、轮胎吊车、桥式吊车等)进行吊装作业时，除遵守本标准外，还应遵守该定型起重机械的操作规程。	9.2.13	用定型起重机械(例如履带吊车、轮胎吊车、桥式吊车等)进行吊装作业时，除遵守本文件外，还应遵守该定型起重机械的操作规程。	
9.2.13	作业完毕应做如下工作： a）将起重臂和吊钩收放到规定位置，所有控制手柄均应放到零位，电气控制的起重机械的电源开关应断开； b）对在轨道上作业的吊车，应将吊车停放在指定位置有效锚定； c）吊索、吊具应收回，放置到规定位置，并对其进行例行检查。	9.2.14	作业完毕应做如下工作： a）将起重臂和吊钩收放到规定位置，所有控制手柄均应放到零位，电气控制的起重机械的电源开关应断开； b）对在轨道上作业的吊车，应将吊车停放在指定位置有效锚定； c）吊索、吊具收回，放置到规定位置，并对其进行例行检查。	
10　临时用电作业 10.1	在运行的生产装置、罐区和具有火灾爆炸危险场所内不应接临时电源，确需时应对周围环境进行可燃气体检测分析，分析结果应符合5.4.2的要求。	10　临时用电作业 10.1	在运行的火灾爆炸危险性生产装置、罐区和具有火灾爆炸危险场所内不应接临时电源，确需时应对周围环境进行可燃气体检测分析，分析结果应符合5.3.2的规定。	
10.2	各类移动电源及外部自备电源，不应接入电网。	10.2	各类移动电源及外部自备电源，不应接入电网。	
10.3	动力和照明线路应分路设置。		删除。	已在第4.13条款中统一要求。

续表

GB 30871—2014		GB 30871—2022		修改原因
条款号	条款内容	条款号	条款内容	
10.4	在开关上接引、拆除临时用电线路时，其上级开关应断电上锁并加挂安全警示标牌。	10.3	在开关上接引、拆除临时用电线路时，其上级开关应断电、加锁，并挂安全警示标牌，接、拆线路作业时，应有监护人在场。	强调了监护人的作用。
10.5	临时用电应设置保护开关，使用前应检查电气装置和保护设施的可靠性。所有的临时用电均应设置接地保护。	10.4	临时用电应设置保护开关，使用前应检查电气装置和保护设施的可靠性。所有的临时用电均应设置接地保护。	
10.6	临时用电设备和线路应按供电电压等级和容量正确使用，所用的电器元件应符合国家相关产品标准及作业现场环境要求，临时用电电源施工、安装应符合 JGJ 46 的有关要求，并有良好的接地，临时用电还应满足如下要求： a）火灾爆炸危险场所应使用相应防爆等级的电源及电气元件，并采取相应的防爆安全措施； b）临时用电线路及设备应有良好的绝缘，所有的临时用电线路应采用耐压等级不低于500V 的绝缘导线； c）临时用电线路经过有高温、振动、腐蚀、积水及产生机械损伤等区域，不应有接头，并应采取相应的保护措施；	10.5	临时用电设备和线路应按供电电压等级和容量正确配置、使用，所用的电器元件应符合国家相关产品标准及作业现场环境要求，临时用电电源施工、安装应符合 GB 50194 的有关要求，并有良好的接地。	调整了适用的标准。
		10.6	临时用电还应满足如下要求： a）火灾爆炸危险场所应使用相应防爆等级的电气元件，并采取相应的防爆安全措施； b）临时用电线路及设备应有良好的绝缘，所有的临时用电线路应采用耐压等级不低于500V 的绝缘导线； c）临时用电线路经过火灾爆炸危险场所以及有高温、振动、腐蚀、积水及产生机械损伤等区域，不应有接头，并应采取相应的保护措施；	1. 作业照明要求在第 4.13 条款中统一要求。 2. 增加了沿地面敷设电缆线路的要求。

续表

GB 30871—2014		GB 30871—2022		修改原因
条款号	条款内容	条款号	条款内容	
10.6	d）临时用电架空线应采用绝缘铜芯线，并应架设在专用电杆或支架上。其最大弧垂与地面距离，在作业现场不低于2.5m，穿越机动车道不低于5m； e）对需埋地敷设的电缆线路应设有走向标志和安全标志。电缆埋地深度不应小于0.7m，穿越道路时应加设防护套管； f）现场临时用电配电盘、箱应有电压标识和危险标识，应有防雨措施，盘、箱、门应能牢靠关闭并能上锁； g）行灯电压不应超过36V；在特别潮湿的场所或塔、釜、槽、罐等金属设备内作业，临时照明行灯电压不应超过12V； h）临时用电设施应安装符合规范要求的漏电保护器，移动工具、手持式电动工具应逐个配置漏电保护器和电源开关。	10.6	d）临时用电架空线应采用绝缘铜芯线，并应架设在专用电杆或支架上，其最大弧垂与地面距离，在作业现场不低于2.5m，穿越机动车道不低于5m； e）沿墙面或地面敷设电缆线路应符合下列规定： ——电缆线路敷设路径应有醒目的警告标志； ——沿地面明敷的电缆线路应沿建筑物墙体根部敷设，穿越道路或其他易受机械损伤的区域，应采取防机械损伤的措施，周围环境应保持干燥； ——在电缆敷设路径附近，当有产生明火的作业时，应采取防止火花损伤电缆的措施； f）对需埋地敷设的电缆线路应设有走向标志和安全标志。电缆埋地深度不应小于0.7 m，穿越道路时应加设防护套管； g）现场临时用电配电盘、箱应有电压标志和危险标志，应有防雨措施，盘、箱、门应能牢靠关闭并上锁管理； h）临时用电设施应安装符合规范要求的漏电保护器，移动工具、手持式电动工具应逐个配置漏电保护器和电源开关。	

续表

GB 30871—2014		GB 30871—2022		修改原因
条款号	条款内容	条款号	条款内容	
10.7	临时用电单位不应擅自向其他单位转供电或增加用电负荷，以及变更用电地点和用途。	10.7	未经批准，临时用电单位不应向其他单位转供电或增加用电负荷，以及变更用电地点和用途。	
10.8	临时用电时间一般不超过15天，特殊情况不应超过一个月。用电结束后，用电单位应及时通知供电单位拆除临时用电线路。	10.8	临时用电时间一般不超过15天，特殊情况不应超过30天；用于动火、受限空间作业的临时用电时间应和相应作业时间一致；用电结束后，用电单位应及时通知供电单位拆除临时用电线路。	强调了用于动火、受限空间内临时用电的管理要求，使要求更加细化、明确。
11 动土作业 11.1	作业前，应检查工具、现场支撑是否牢固、完好，发现问题应及时处理。	11 动土作业 11.1	作业前，应检查工器具、现场支撑是否牢固、完好，发现问题应及时处理。	
11.2	作业现场应根据需要设置护栏、盖板和警告标志，夜间应悬挂警示灯。	11.2	作业现场应根据需要设置护栏、盖板和警告标志，夜间应悬挂警示灯。	
11.3	在破土开挖前，应先做好地面和地下排水，防止地面水渗入作业层面造成塌方。	11.3	在动土开挖前，应先做好地面和地下排水，防止地面水渗入作业层面造成塌方。	
11.4	作业前应首先了解地下隐蔽设施的分布情况，动土临近地下隐蔽设施时，应使用适当工具挖掘，避免损坏地下隐蔽设施。如暴露出电缆、管线以及不能辨认的物品时，应立即停止作业，妥善加以保护，报告动土审批单位处理，经采取措施后方可继续动土作业。	11.4	作业前，作业单位应了解地下隐蔽设施的分布情况，作业临近地下隐蔽设施时，应使用适当工具人工挖掘，避免损坏地下隐蔽设施；如暴露出电缆、管线以及不能辨认的物品时，应立即停止作业，妥善加以保护，报告动土审批单位，经采取保护措施后方可继续作业。	

续表

GB 30871—2014		GB 30871—2022		修改原因
条款号	条款内容	条款号	条款内容	
11.5	动土作业应设专人监护。挖掘坑、槽、井、沟等作业，应遵守下列规定： a）挖掘土方应自上而下逐层挖掘，不应采用挖底脚的办法挖掘；使用的材料、挖出的泥土应堆放在距坑、槽、井、沟边沿至少0.8m处，挖出的泥土不应堵塞下水道和窨井； b）不应在土壁上挖洞攀登； c）不应在坑、槽、井、沟上端边沿站立、行走； d）应视土壤性质、湿度和挖掘深度设置安全边坡或固壁支撑。作业过程中应对坑、槽、井、沟边坡或固壁支撑架随时检查，特别是雨雪后和解冻时期，如发现边坡有裂缝、松疏或支撑有折断、走位等异常情况，应立即停止工作，并采取相应措施； e）在坑、槽、井、沟的边缘安放机械、铺设轨道及通行车辆时，应保持适当距离，采取有效的固壁措施，确保安全； f）在拆除固壁支撑时，应从下而上进行；更换支撑时，应先装新的，后拆旧的； g）不应在坑、槽、井、沟内休息。	11.5	挖掘坑、槽、井、沟等作业，应遵守下列规定： a）挖掘土方应自上而下逐层挖掘，不应采用挖底脚的办法挖掘；使用的材料、挖出的泥土应堆在距坑、槽、井、沟边沿至少1m处，堆土高度不应大于1.5m；挖出的泥土不应堵塞下水道和窨井； b）不应在土壁上挖洞攀登； c）不应在坑、槽、井、沟上端边沿站立、行走； d）应视土壤性质、湿度和挖掘深度设置安全边坡或固壁支撑；作业过程中应对坑、槽、井、沟边坡或固壁支撑架随时检查，特别是雨雪后和解冻时期，如发现边坡有裂缝、松疏或支撑有折断、走位等异常情况，应立即停止作业，并采取相应措施； e）在坑、槽、井、沟的边缘安放机械、铺设轨道及通行车辆时，应保持适当距离，采取有效的固壁措施，确保安全； f）在拆除固壁支撑时，应从下而上进行；更换支撑时，应先装新的，后拆旧的； g）不应在坑、槽、井、沟内休息。	进一步细化堆土管理。

续表

GB 30871—2014		GB 30871—2022		修改原因
条款号	条款内容	条款号	条款内容	
		11.6	机械开挖时，应避开构筑物、管线，在距管道边1m范围内应采用人工开挖；在距直埋管线2m范围内宜采用人工开挖，避免对管线或电缆造成影响。	新增内容。参照《城镇道路工程施工与质量验收规范》（CJJ1）强调了防范动土作业对隐蔽工程的影响。
11.6	作业人员在沟（槽、坑）下作业应按规定坡度顺序进行，使用机械挖掘时不应进入机械旋转半径内；深度大于2m时应设置人员上下的梯子等，保证人员快速进出设施；两个以上作业人员同时挖土时应相距2m以上，防止工具伤人。	11.7	动土作业人员在沟（槽、坑）下作业应按规定坡度顺序进行，使用机械挖掘时，人员不应进入机械旋转半径内；深度大于2m时，应设置人员上下的梯子等能够保证人员快速进出的设施；两人以上同时挖土时应相距2m以上，防止工具伤人。	
11.7	作业人员发现异常时，应立即撤离作业现场。	11.8	动土作业区域周围发现异常时，作业人员应立即撤离作业现场。	
11.8	在化工危险场所动土时，应与有关操作人员建立联系，当化工装置发生突然排放有害物质时，化工操作人员应立即通知动土作业人员停止作业，迅速撤离现场。	11.9	在生产装置区、罐区等危险场所动土时，监护人员应与所在区域的生产人员建立联系，当生产装置区、罐区等场所发生突然排放有害物质时，监护人员应立即通知作业人员停止作业，迅速撤离现场。	1. 细化了危险场所的描述。 2. 明确了监护人的责任。

续表

GB 30871—2014		GB 30871—2022		修改原因
条款号	条款内容	条款号	条款内容	
		11.10	在生产装置区、罐区等危险场所动土时，遇有埋设的易燃易爆、有毒有害介质管线、窨井等可能引起燃烧、爆炸、中毒、窒息危险，且挖掘深度超过 1.2m 时，应执行受限空间作业相关规定。	新增内容。明确深沟挖掘时需考虑有害气体积聚给作业人员带来的风险。
11.9	施工结束后应及时回填土石，并恢复地面设施。	11.11	动土作业结束后，应及时回填土石，恢复地面设施。	
12 断路作业 12.1	作业前，作业申请单位应会同本单位相关主管部门制定交通组织方案，方案应能保证消防车和其他重要车辆的通行，并满足应急救援要求。	12 断路作业 12.1	作业前，作业单位应会同危险化学品企业相关部门制定交通组织方案，应能保证消防车和其他重要车辆的通行，并满足应急救援要求。	
12.2	作业单位应根据需要在断路的路口和相关道路上设置交通警示标志，在作业区附近设置路栏、道路作业警示灯、导向标等交通警示设施。	12.2	作业单位应根据需要在断路的路口和相关道路上设置交通警示标志，在作业区域附近设置路栏、道路作业警示灯、导向标等交通警示设施。	
12.3	在道路上进行定点作业，白天不超过 2h、夜间不超过 1h 即可完工的，在有现场交通指挥人员指挥交通的情况下，只要作业区设置了相应的交通警示设施，即白天设置了锥形交通路标或路栏，夜间设置了锥形交通路标或路栏及道路作业警示灯，可不设标志牌。	12.3	在道路上进行定点作业，白天不超过 2h、夜间不超过 1h 即可完工的，在有现场交通指挥人员指挥交通的情况下，只要作业区域设置了相应的交通警示设施，可不设标志牌。	删除了相关解释。

续表

GB 30871—2014		GB 30871—2022		修改原因
条款号	条款内容	条款号	条款内容	
12.4	在夜间或雨、雪、雾天进行作业应设置道路作业警示灯，警示灯设置要求如下： a）采用安全电压； b）设置高度应离地面 1.5m，不低于 1.0m； c）其设置应能反映作业区的轮廓； d）应能发出至少自 150m 以外清晰可见的连续、闪烁或旋转的红光。	12.4	在夜间或雨、雪、雾天进行断路作业时设置的道路作业警示灯，应满足以下要求： a）设置高度应离地面 1.5m，不低于 1.0m； b）其设置应能反映作业区域的轮廓； c）应能发出至少自 150m 以外清晰可见的连续、闪烁或旋转的红光。	作业照明要求在第 4.13 条款中统一要求。
12.5	断路作业结束后，作业单位应清理现场，撤除作业区、路口设置的路栏、道路作业警示灯、导向标等交通警示设施。申请断路单位应检查核实，并报告有关部门恢复交通。	12.5	作业结束后，作业单位应清理现场，撤除作业区域、路口设置的路栏、道路作业警示灯、导向标等交通警示设施，并与危险化学品企业检查核实，报告有关部门恢复交通。	

附录2　安全作业票样式对比

以下所列“×××安全作业证”为 GB 30871—2014 的安全作业票样式，“×××安全作业票”为 GB 30871—2022 的安全作业票样式。

动火安全作业证

申请单位		申请人		作业证编号	
动火作业级别					
动火地点					
动火方式					
动火时间	自　年　月　日　时　分始至　年　月　日　时　分止				
动火作业负责人		动火人			
动火分析时间	年　月　日　时	年　月　日　时		年　月　日　时	
分析点名称					
分析数据					
分析人					
涉及的其他特殊作业					
危害辨识					

序号	安全措施	确认人
1	动火设备内部构件清理干净，蒸汽吹扫或水洗合格，达到用火条件	
2	断开与动火设备相连接的所有管线，加盲板(　)块	
3	动火点周围的下水井、地漏、地沟、电缆沟等已清除易燃物，并已采取覆盖、铺沙、水封等手段进行隔离	
4	罐区内动火点同一围堰内和防火间距内的油罐不同时进行脱水作业	
5	高处作业已采取防火花飞溅措施	
6	动火点周围易燃物已清除	
7	电焊回路线已接在焊件上，把线未穿过下水井或与其他设备搭接	
8	乙炔气瓶(直立放置)、氧气瓶与火源间的距离大于10m	
9	现场配备消防蒸汽带(　)根，灭火器(　)台，铁锹(　)把，石棉布(　)块	
10	其他安全措施： 编制人：	

续表

生产单位负责人		监火人		动火初审人	
实施安全教育人					

申请单位意见

签字：　　年　月　日　时　分

安全管理部门意见

签字：　　年　月　日　时　分

动火审批人意见

签字：　　年　月　日　时　分

动火前，岗位当班班长验票

签字：　　年　月　日　时　分

完工验收

签字：　　年　月　日　时　分

动火安全作业票

编号：

作业申请单位		作业申请时间	年　月　日　时　分
作业内容		动火地点及动火部位	
动火作业级别	特级□　一级□　二级□	动火方式	
动火人及证书编号			
作业单位		作业负责人	
气体取样分析时间	月　日　时　分	月　日　时　分	月　日　时　分
代表性气体			
分析结果/%			
分析人			
关联的其他特殊作业及安全作业票编号			
风险辨识结果			
动火作业实施时间	自　年　月　日　时　分至　年　月　日　时　分止		

续表

序号	安全措施	是否涉及	确认人
1	动火设备内部构件清洗干净，蒸汽吹扫或水洗、置换合格，达到动火条件		
2	与动火设备相连接的所有管线已断开，加盲板(　)块，未采取水封或仅关闭阀门的方式代替盲板		
3	动火点周围及附近的孔洞、窨井、地沟、水封设施、污水井等已清除易燃物，并已采取覆盖、铺沙等手段进行隔离		
4	油气罐区动火点同一防火堤内和防火间距内的油品储罐未进行脱水和取样作业		
5	高处作业已采取防火花飞溅措施，作业人员佩戴必要的个体防护装备		
6	在有可燃物构件和使用可燃物做防腐内衬的设备内部动火作业，已采取防火隔绝措施		
7	乙炔气瓶直立放置，已采取防倾倒措施并安装防回火装置；乙炔气瓶、氧气瓶与火源间的距离不应小于 10m，两气瓶相互间距不应小于 5m		
8	现场配备灭火器(　)台，灭火毯(　)块，消防蒸汽带或消防水带(　)		
9	电焊机所处位置已考虑防火防爆要求，且已可靠接地		
10	动火点周围规定距离内没有易燃易爆化学品的装卸、排放、喷漆等可能引起火灾爆炸的危险作业		
11	动火点 30m 内垂直空间未排放可燃气体；15m 内垂直空间未排放可燃液体；10m 范围内及动火点下方未同时进行可燃溶剂清洗或喷漆等作业，10m 范围内未见有可燃性粉尘清扫作业		
12	已开展作业危害分析，制定相应的安全风险管控措施，交叉作业已明确协调人		
13	用于连续检测的移动式可燃气体检测仪已配备到位		
14	配备的摄录设备已到位，且防爆级别满足安全要求		
15	其他相关特殊作业已办理相应安全作业票，作业现场四周已设立警戒区		
16	其他安全措施： 编制人：		

续表

安全交底人		接受交底人	
监护人			

作业负责人意见 签字：　　年　月　日　时　分
所在单位意见 签字：　　年　月　日　时　分
安全管理部门意见 签字：　　年　月　日　时　分
动火审批人意见 签字：　　年　月　日　时　分
动火前，岗位当班班长验票情况 签字：　　年　月　日　时　分
完工验收 签字：　　年　月　日　时　分

修改内容：

1. 增加了作业申请时间，将原来的“作业时间”改为“作业实施时间”，进一步细化了各个时间段的管理要求。

2. 将正文中的要求内容在作业票的安全措施中诸项确认，尤其是连续检测气体浓度和全程录像要求。

3. 补充了作业单位栏。

受限空间安全作业证

申请单位		申请人		作业证编号	
受限空间所属单位		受限空间名称			
作业内容		受限空间内原有介质名称			
作业时间	自　　年　月　日　时　分始至　　年　月　日　时　分止				
作业单位负责人					
监护人					
作业人					
涉及的其他特殊作业					
危害辨识					

分析	分析项目	有毒有害介质	可燃气	氧含量	时间	部位	分析人
	分析标准						
	分析数据						

序号	安全措施	确认人
1	对进入受限空间危险性进行分析	
2	所有与受限空间有联系的阀门、管线加盲板隔离，列出盲板清单，落实抽堵盲板责任人	
3	设备经过置换、吹扫、蒸煮	
4	设备打开通风孔进行自然通风，温度适宜人员作业；必要时采用强制通风或佩戴空气呼吸器，不能用通氧气或富氧空气的方法补充氧	
5	相关设备进行处理，带搅拌机的设备已切断电源，电源开关处加锁或挂“禁止合闸”标志牌，设专人监护	
6	检查受限空间内部已具备作业条件，清罐时(无需用/已采用)防爆工具	
7	检查受限空间进出口通道，无阻碍人员进出的障碍物	
8	分析盛装过可燃有毒液体、气体的受限空间内的可燃、有毒有害气体含量	
9	作业人员清楚受限空间内存在的其他危险因素，如内部附件、集渣坑等	
10	作业监护措施：消防器材(　)、救生绳(　)、气防装备(　)	
11	其他安全措施： 编制人：	

续表

实施安全教育人			

申请单位意见

签字：　　年　月　日　时　分

审批单位意见

签字：　　年　月　日　时　分

完工验收

签字：　　年　月　日　时　分

受限空间安全作业票

编号：

作业申请单位		作业申请时间	年　月 日 时　分
受限空间名称		受限空间内原有介质名称	
作业内容			
作业单位		作业负责人	
作业人		监护人	
关联的其他特殊作业及安全作业票编号			
风险辨识结果			

<table>
<tr><td rowspan="7">气体分析</td><td rowspan="2">分析项目</td><td colspan="2">有毒有害气体名称</td><td colspan="2">可燃气体名称</td><td rowspan="2">氧气含量</td><td rowspan="3">取样分析时间</td><td rowspan="3">分析部位</td><td rowspan="3">分析人</td></tr>
<tr><td></td><td></td><td></td><td></td></tr>
<tr><td>合格标准</td><td></td><td></td><td></td><td></td><td>19.5%~21%（体积分数）</td></tr>
<tr><td rowspan="4">分析数据</td><td></td><td></td><td></td><td></td><td></td><td></td><td></td><td></td></tr>
<tr><td></td><td></td><td></td><td></td><td></td><td></td><td></td><td></td></tr>
<tr><td></td><td></td><td></td><td></td><td></td><td></td><td></td><td></td></tr>
</table>

作业实施时间	自　年　月　日　时　分至　年　月　日　时　分止

序号	安全措施	是否涉及	确认人
1	盛装过有毒、可燃物料的受限空间，所有与受限空间有联系的阀门、管线已加盲板隔离，并落实盲板责任人，未采用水封或关闭阀门代替盲板		

续表

序号	安全措施	是否涉及	确认人
2	盛装过有毒、可燃物料的受限空间，设备已经过置换、吹扫或蒸煮		
3	设备通风孔已打开进行自然通风，温度适宜人员作业；必要时采用强制通风或佩戴隔绝式呼吸防护装备，不应采用直接通入氧气或富氧空气的方法补充氧		
4	转动设备已切断电源，电源开关处已加锁并悬挂“禁止合闸”标志牌		
5	受限空间内部已具备进人作业条件，易燃易爆物料容器内作业，作业人员未采用非防爆工具，手持电动工具符合作业安全要求		
6	受限空间进出口通道畅通，无阻碍人员进出的障碍物		
7	盛装过可燃有毒液体、气体的受限空间，已分析其中的可燃、有毒有害气体和氧气含量，且在安全范围内		
8	存在大量扬尘的设备已停止扬尘		
9	用于连续检测的移动式可燃、有毒气体、氧气检测仪已配备到位		
10	作业人员已佩戴必要的个体防护装备，清楚受限空间内存在的危险因素		
11	已配备作业应急设施：消防器材(　)、救生绳(　)、气防装备(　)，盛有腐蚀性介质的容器作业现场已配备应急用冲洗水		
12	受限空间内作业已配备通信设备		
13	受限空间出入口四周已设立警戒区		
14	其他相关特殊作业已办理相应安全作业票		
15	其他安全措施： 编制人：		

安全交底人		接受交底人	
作业负责人意见 签字：　　年　月　日　时　分			
所在单位意见 签字：　　年　月　日　时　分			
完工验收 签字：　　年　月　日　时　分			

修改内容：

1. 增加了作业申请时间，将原来的“作业时间”改为“作业实施时间”，进一步细化了各个时间段的管理要求。

2. 将正文中的要求内容在作业票的安全措施中确认，尤其是连续检测气体浓度要求。

盲板抽堵安全作业证

<table>
<tr><td>申请单位</td><td colspan="3"></td><td colspan="3">申请人</td><td colspan="2"></td><td colspan="2">作业证编号</td><td colspan="2"></td></tr>
<tr><td rowspan="2">设备管道名称</td><td rowspan="2">介质</td><td rowspan="2">温度</td><td rowspan="2">压力</td><td colspan="3">盲板</td><td colspan="2">实施时间</td><td colspan="2">作业人</td><td colspan="2">监护人</td></tr>
<tr><td>材质</td><td>规格</td><td>编号</td><td>堵</td><td>抽</td><td>堵</td><td>抽</td><td>堵</td><td>抽</td></tr>
<tr><td></td><td></td><td></td><td></td><td></td><td></td><td></td><td></td><td></td><td></td><td></td><td></td><td></td></tr>
<tr><td colspan="3">生产单位作业指挥</td><td colspan="10"></td></tr>
<tr><td colspan="3">作业单位负责人</td><td colspan="10"></td></tr>
<tr><td colspan="3">涉及的其他特殊作业</td><td colspan="10"></td></tr>
</table>

盲板位置图及编号：

编制人：　　年　月　日

序号	安全措施	确认人
1	在有毒介质的管道、设备上作业时，尽可能降低系统压力，作业点应为常压	
2	在有毒介质的管道、设备上作业时，作业人员穿戴适合的防护用具	
3	易燃易爆场所，作业人员穿防静电工作服、工作鞋；作业时使用防爆灯具和防爆工具	
4	易燃易爆场所，距作业地点 30 m 内无其他动火作业	
5	在强腐蚀性介质的管道、设备上作业时，作业人员已采取防止酸碱灼伤的措施	
6	介质温度较高、可能造成烫伤的情况下，作业人员已采取防烫措施	
7	同一管道上不同时进行两处及两处以上的盲板抽堵作业	
8	其他安全措施： 编制人：	

实施安全教育人			

生产车间(分厂)意见

签字：　　年　月　日

作业单位意见

签字：　　年　月　日

审批单位意见

签字：　　年　月　日

盲板抽堵作业单位确认情况

签字：　　年　月　日

生产车间(分厂)确认情况

签字：　　年　月　日

盲板抽堵安全作业票

编号：

<table>
<tr><td>申请单位</td><td colspan="2"></td><td>作业单位</td><td colspan="2"></td><td>作业类别</td><td>□堵盲板　□抽盲板</td></tr>
<tr><td rowspan="2">设备、管道名称</td><td colspan="3">管道参数</td><td colspan="3">盲板参数</td><td rowspan="2">实际作业开始时间</td></tr>
<tr><td>介质</td><td>温度</td><td>压力</td><td>材质</td><td>规格</td><td>编号</td></tr>
<tr><td></td><td></td><td></td><td></td><td></td><td></td><td></td><td>月　日　时　分</td></tr>
</table>

盲板位置图(可另附图)及编号：

编制人：　　年　月　日

作业负责人		作业人		监护人	
关联的其他特殊作业及安全作业票编号					
风险辨识结果					

序号	安全措施	是否涉及	确认人
1	在管道、设备上作业时，降低系统压力，作业点应为常压或微正压		
2	在有毒介质的管道、设备上作业时，作业人员应穿戴适合的个体防护装备		
3	火灾爆炸危险场所，作业人员穿防静电工作服、工作鞋；作业时使用防爆灯具和防爆工具		
4	火灾爆炸危险场所的气体管道，距作业地点30m内无其他动火作业		
5	在强腐蚀性介质的管道、设备上作业时，作业人员已采取防止酸碱化学灼伤的措施		
6	介质温度较高、可能造成烫伤的情况下，作业人员已采取防烫措施		
7	介质温度较低、可能造成人员冻伤情况下，作业人员已采取防冻伤措施		
8	同一管道上未同时进行两处及两处以上的盲板抽堵作业		
9	其他相关特殊作业已办理相应安全作业票		
10	作业现场四周已设警戒区		
11	其他安全措施 编制人：		

安全交底人		接受交底人	

作业负责人意见

签字：　　年　月　日　时　分

所在单位意见

签字：　　年　月　日　时　分

完工验收

签字：　　年　月　日　时　分

高处安全作业证

<table>
<tr><td>申请单位</td><td colspan="2"></td><td>申请人</td><td></td><td>作业证编号</td><td></td></tr>
<tr><td>作业时间</td><td colspan="6">自　　年　月　日　时　分始至　　年　月　日　时　分止</td></tr>
<tr><td>作业地点</td><td colspan="6"></td></tr>
<tr><td>作业内容</td><td colspan="6"></td></tr>
<tr><td>作业高度</td><td></td><td colspan="2">作业类别</td><td colspan="3"></td></tr>
<tr><td>作业单位</td><td></td><td colspan="2">监护人</td><td colspan="3"></td></tr>
<tr><td>作业人</td><td></td><td colspan="2">涉及的其他特殊作业</td><td colspan="3"></td></tr>
<tr><td>危害辨识</td><td colspan="6"></td></tr>
</table>

序号	安全措施	确认人
1	作业人员身体条件符合要求	
2	作业人员着装符合工作要求	
3	作业人员佩戴合格的安全帽	
4	作业人员佩戴安全带，安全带高挂低用	
5	作业人员携带有工具袋及安全绳	
6	作业人员佩戴：A. 过滤式防毒面具或口罩 B. 空气呼吸器	
7	现场搭设的脚手架、防护网、围栏符合安全规定	
8	垂直分层作业中间有隔离设施	
9	梯子、绳子符合安全规定	
10	石棉瓦等轻型棚的承重梁、柱能承重负荷的要求	
11	作业人员在石棉瓦等不承重物作业所搭设的承重板稳定牢固	
12	采光，夜间作业照明符合作业要求，(需采用并已采用/无需采用)防爆灯	
13	30m 以上高处作业配备通讯、联络工具	
14	其他安全措施： 编制人：	

实施安全教育人			

生产单位作业负责人意见

签字：　　年　月　日　时　分

作业单位负责人意见

签字：　　年　月　日　时　分

审核部门意见

签字：　　年　月　日　时　分

审批部门意见

签字：　　年　月　日　时　分

完工验收

签字：　　年　月　日　时　分

高处安全作业票

编号：

作业申请单位		作业申请时间	年　月　日　时　分
作业地点		作业内容	
作业高度		高处作业级别	
作业单位		监护人	
作业人		作业负责人	
关联的其他特殊作业及安全作业票编号			
风险辨识结果			
作业实施时间	自　年　月　日　时　分至　年　月　日　时　分止		

序号	安全措施	是否涉及	确认人
1	作业人员身体条件符合要求		
2	作业人员着装符合作业要求		
3	作业人员佩戴符合标准要求的安全帽、安全带，有可能散发有毒气体的场所携带正压式空气呼吸器或面罩备用		
4	作业人员携带有工具袋及安全绳		
5	现场搭设的脚手架、防护网、围栏符合安全规定		
6	垂直分层作业中间有隔离设施		
7	梯子、绳子符合安全规定		
8	轻型棚的承重梁、柱能承重作业过程最大负荷的要求		
9	作业人员在不承重物处作业所搭设的承重板稳定牢固		
10	采光、夜间作业照明符合作业要求		
11	30m 以上高处作业时，作业人员已配备通信、联络工具		
12	作业现场四周已设警戒区		
13	露天作业，风力满足作业安全要求		
14	其他相关特殊作业已办理相应安全作业票		
15	其他安全措施： 编制人：		

安全交底人		接受交底人	

作业负责人意见

签字：　年　月　日　时　分

续表

所在单位意见 签字：　　年　月　日　时　分	
审核部门意见 签字：　　年　月　日　时　分	
审批部门意见 签字：　　年　月　日　时　分	
完工验收 签字：　　年　月　日　时　分	

修改内容：

1. 增加了作业时环境风力的限制要求。
2. 增加了配备的个体防护装备的要求。

吊装安全作业证

吊装地点		吊装工具名称		作业证编号	
吊装人员及特殊工种作业证号		监护人			
吊装指挥及特殊工种作业证号		起吊重物质量(t)			
作业时间	自　　年　月　日　时　分至　　年　月　日　时　分				
吊装内容					
危害辨识					

序号	安全措施	确认人
1	吊装质量大于等于40t的重物和土建工程主体结构；吊装物体虽不足40t，但形状复杂、刚度小、长径比大、精密贵重，作业条件特殊，已编制吊装作业方案，且经作业主管部门和安全管理部门审查，报主管(副总经理/总工程师批准)	
2	指派专人监护，并监守岗位，非作业人员禁止入内	
3	作业人员已按规定佩戴防护器具和个体防护用品	
4	已与分厂(车间)负责人取得联系，建立联系信号	
5	已在吊装现场设置安全警戒标志，无关人员不许进入作业现场	
6	夜间作业采用足够的照明	
7	室外作业遇到(大雪/暴雨/大雾/6级以上大风)，已停止作业	
8	检查起重吊装设备、钢丝绳、揽风绳、链条、吊钩等各种机具，保证安全可靠	
9	明确分工、坚守岗位，并按规定的联络信号，统一指挥	
10	将建筑物、构筑物作为锚点，需经工程处审查核算并批准	
11	吊装绳索、揽风绳、拖拉绳等避免同带电线路接触，并保持安全距离	
12	人员随同吊装重物或吊装机械升降，应采取可靠的安全措施，并经过现场指挥人员批准	
13	利用管道、管架、电杆、机电设备等作吊装锚点，不准吊装	
14	悬吊重物下方站人、通行和工作，不准吊装	
15	超负荷或重物质量不明，不准吊装	
16	斜拉重物、重物埋在地下或重物坚固不牢，绳打结、绳不齐，不准吊装	
17	棱角重物没有衬垫措施，不准吊装	

续表

序号	安全措施	确认人
18	安全装置失灵，不准吊装	
19	用定型起重吊装机械(履带吊车/轮胎吊车/轿式吊车等)进行吊装作业，遵守该定型机械的操作规程	
20	作业过程中应先用低高度、短行程试吊	
21	作业现场出现危险品泄漏，立即停止作业，撤离人员	
22	作业完成后现场杂物已清理	
23	吊装作业人员持有法定的有效的证件	
24	地下通讯电(光)缆、局域网络电(光)缆、排水沟的盖板，承重吊装机械的负重量已确认，保护措施已落实	
25	起吊物的质量(　t)经确认，在吊装机械的承重范围	
26	在吊装高度的管线、电缆桥架已做好防护措施	
27	作业现场围栏、警戒线、警告牌、夜间警示灯已按要求设置	
28	作业高度和转臂范围内，无架空线路	
29	人员出入口和撤离安全措施已落实：A. 指示牌；B. 指示灯	
30	在爆炸危险生产区域内作业，机动车排气管已装火星熄灭器	
31	现场夜间有充足照明：36V、24V、12V 防水型灯；36V、24V、12V 防爆型灯	
32	作业人员已佩戴防护器具	
33	其他安全措施： 编制人：	

实施安全教育人			
生产单位安全部门负责人(签字)：		生产单位负责人(签字)：	
作业单位安全部门负责人(签字)：		作业单位负责人(签字)：	
审批部门意见 签字：　　年　月　日　时　分			

吊装安全作业票

编号：

作业申请单位		作业单位		作业申请时间	年 月 日 时 分
吊装地点		吊具名称		吊物内容	
吊装作业人		司索人		监护人	
指挥人员		吊物质量(t)及作业级别			
风险辨识结果					
作业实施时间	自 年 月 日 时 分至 年 月 日 时 分止				

序号	安全措施	是否涉及	确认人
1	一、二级吊装作业已编制吊装作业方案，已经审查批准；吊装物体形状复杂、刚度小、长径比大、精密贵重，作业条件特殊的三级吊装作业，已编制吊装作业方案，已经审查批准		
2	吊装场所如有含危险物料的设备、管道时，应制定详细吊装方案，并对设备、管道采取有效防护措施，必要时停车，放空物料，置换后再进行吊装作业		
3	作业人员已按规定佩戴个体防护装备		
4	已对起重吊装设备、钢丝绳、揽风绳、链条、吊钩等各种机具进行检查，安全可靠		
5	已明确各自分工、坚守岗位，并统一规定的联络信号		
6	将建筑物、构筑物作为锚点，须经所属单位工程管理部门审查核算并批准		
7	吊装绳索、揽风绳、拖拉绳等不应与带电线路接触，并保持安全距离		
8	不应利用管道、管架、电杆、机电设备等作吊装锚点		
9	吊物捆扎坚固，未见绳打结、绳不齐现象，棱角吊物已采取衬垫措施		
10	起重机安全装置灵活好用		
11	吊装作业人员持有有效的法定资格证书		
12	地下通信电(光)缆、局域网络电(光)缆、排水沟的盖板，承重吊装机械的负重量已确认，保护措施已落实		
13	起吊物的质量(t)经确认，在吊装机械的承重范围内		
14	在吊装高度的管线、电缆桥架已做好防护措施		
15	作业现场围栏、警戒线、警告牌、夜间警示灯已按要求设置		

续表

序号	安全措施	是否涉及	确认人
16	作业高度和转臂范围内无架空线路		
17	在爆炸危险场所内的作业，机动车排气管已装阻火器		
18	露天作业，环境风力满足作业安全要求		
19	其他相关特殊作业已办理相应安全作业票		
20	其他安全措施： 编制人：		
安全交底人		接受交底人	
作业指挥意见 签字：　　年　月　日　时　分			
所在单位意见 签字：　　年　月　日　时　分			
审核部门意见 签字：　　年　月　日　时　分			
审批部门意见 签字：　　年　月　日　时　分			
完工验收 签字：　　年　月　日　时　分			

修改内容：

删除了吊装作业过程中的一些要求，调整为作业前确认的措施要求。

临时用电安全作业证

申请单位		申请人		作业证编号	
作业时间	自 年 月 日 时 分至 年 月 日 时 分				
作业地点					
电源接入点		工作电压			
用电设备及功率					
作业人		电工证号			
危害辨识					

序号	安全措施	确认人
1	安装临时线路人员持有电工作业操作证	
2	在防爆场所使用的临时电源、元器件和线路达到相应的防爆等级要求	
3	临时用电的单项和混用线路采用五线制	
4	临时用电线路在装置内不低于2.5m，道路不低于5m	
5	临时用电线路架空进线未采用裸线，未在树或脚手架上架设	
6	暗管埋设及地下电缆线路设有“走向标志”和“安全标志”，电缆埋深大于0.7m	
7	现场临时用配电盘、箱有防雨措施	
8	临时用电设施装有漏电保护器，移动工具、手持工具“一机一闸一保护”	
9	用电设备、线路容量、负荷符合要求	
10	其他安全措施： 编制人：	

实施安全教育人			

作业单位意见

签字： 年 月 日 时 分

配送电单位意见

签字： 年 月 日 时 分

审批部门意见

签字： 年 月 日 时 分

完工验收

签字： 年 月 日 时 分

临时用电安全作业票

编号：

<table>
<tr><td>申请单位</td><td colspan="2"></td><td>作业申请时间</td><td colspan="2">年　月　日　时　分</td></tr>
<tr><td>作业地点</td><td colspan="2"></td><td>作业内容</td><td colspan="2"></td></tr>
<tr><td>电源接入点及许可用电功率</td><td colspan="2"></td><td>工作电压</td><td colspan="2"></td></tr>
<tr><td>用电设备名称及额定功率</td><td></td><td>监护人</td><td></td><td>用电人</td><td></td></tr>
<tr><td>作业人</td><td colspan="2"></td><td>电工证号</td><td colspan="2"></td></tr>
<tr><td>作业负责人</td><td colspan="2"></td><td>电工证号</td><td colspan="2"></td></tr>
<tr><td>关联的其他特殊作业及安全作业票编号</td><td colspan="5"></td></tr>
<tr><td>风险辨识结果</td><td colspan="5"></td></tr>
<tr><td colspan="6">可燃气体分析（运行的生产装置、罐区和具有火灾爆炸危险场所）</td></tr>
<tr><td>分析时间</td><td>时　分</td><td>时　分</td><td>分析点</td><td colspan="2"></td></tr>
<tr><td>可燃气体检测结果</td><td></td><td></td><td>分析人</td><td colspan="2"></td></tr>
<tr><td>作业实施时间</td><td colspan="5">自　　年　月　日　时　分至　　年　月　日　时　分</td></tr>
</table>

序号	安全措施	是否涉及	确认人
1	作业人员持有电工作业操作证		
2	在防爆场所使用的临时电源、元器件和线路达到相应的防爆等级要求		
3	上级开关已断电、加锁，并挂安全警示标牌		
4	临时用电的单相和混用线路要求按照 TN-S 三相五线制方式接线		
5	临时用电线路如架高敷设，在作业现场敷设高度应不低于 2.5m，跨越道路高度应不低于 5m		
6	临时用电线路如沿墙面或地面敷设，已沿建筑物墙体根部敷设，穿越道路或其他易受机械损伤的区域，已采取防机械损伤的措施；在电缆敷设路径附近，已采取防止火花损伤电缆的措施		
7	临时用电线路架空进线不应采用裸线		
8	暗管埋设及地下电缆线路敷设时，已备好“走向标志”和“安全标志”等标志桩，电缆埋深要求大于 0.7m		
9	现场临时用配电盘、箱配备有防雨措施，并可靠接地		

续表

序号	安全措施	是否涉及	确认人
10	临时用电设施已装配漏电保护器，移动工具、手持工具已采取防漏电的安全措施(一机一闸一保护)		
11	用电设备、线路容量、负荷符合要求		
12	其他相关特殊作业已办理相应安全作业票		
13	作业场所已进行气体检测且符合作业安全要求		
14	其他安全措施： 编制人：		

安全交底人		接受交底人	
作业负责人意见 签字：　　年　月　日　时　分			
用电单位意见 签字：　　年　月　日　时　分			
配送电单位意见 签字：　　年　月　日　时　分			
完工验收 签字：　　年　月　日　时　分			

修改内容：

1. 增加了作业申请时间，将原来的“作业时间”改为“作业实施时间”，进一步细化了各个时间段的管理要求。

2. 增加了运行的生产装置、罐区和具有火灾爆炸危险场所接电需进行可燃气体分析的要求。

动土安全作业证

申请单位		申请人		作业证编号	
监护人					
作业时间	自　年　月　日　时　分至　年　月　日　时　分				
作业地点					
作业单位					
涉及的其他特殊作业					

作业范围、内容、方式(包括深度、面积，并附简图)：

签字：　　年　月　日　时　分

危害辨识	

序号	安全措施	确认人
1	作业人员作业前已进行了安全教育	
2	作业地点处于易燃易爆场所，需要动火时已办理了动火证	
3	地下电力电缆已确认保护措施已落实	
4	地下通讯电(光)缆、局域网络电(光)缆已确认保护措施已落实	
5	地下供排水、消防管线、工艺管线已确认保护措施已落实	
6	已按作业方案图划线和立桩	
7	动土地点有电线、管道等地下设施，已向作业单位交待并派人监护；作业时轻挖，未使用铁棒、铁镐或抓斗等机械工具	
8	作业现场围栏、警戒线、警告牌夜间警示灯已按要求设置	
9	已进行放坡处理和固壁支撑	
10	人员出入口和撤离安全措施已落实：A. 梯子；B. 修坡道	
11	道路施工作业已报：交通、消防、安全监督部门、应急中心	
12	备有可燃气体检测仪、有毒介质检测仪	
13	现场夜间有充足照明：A. 36V、24V、12V 防水型灯；B. 36V、24V、12V 防爆型灯	
14	作业人员已佩戴防护器具	
15	动土范围内无障碍物，并已在总图上做标记	
16	其他安全措施： 编制人：	

实施安全教育人			

续表

申请单位意见 签字：　　年　月　日　时　分
作业单位意见 签字：　　年　月　日　时　分
有关水、电、汽、工艺、设备、消防、安全等部门会签意见： 签字：　　年　月　日　时　分
审批部门意见 签字：　　年　月　日　时　分
完工验收 签字：　　年　月　日　时　分

动土安全作业票

编号：

申请单位		作业申请时间		年　月　日　时　分	
作业单位		作业地点		作业内容	
监护人		作业负责人			
关联的其他特殊作业及安全作业票编号					
作业范围、内容、方式(包括深度、面积，并附简图)： 签字：　　年　月　日　时　分					
风险辨识结果					
作业实施时间	自　年　月　日　时　分至　年　月　日　时　分止				

序号	安全措施	是否涉及	确认人
1	地下电力电缆、通信电(光)缆、局域网络电(光)缆已确认，保护措施已落实		
2	地下供排水、消防管线、工艺管线已确认，保护措施已落实		
3	已按作业方案图划线和立桩		
4	作业现场围栏、警戒线、警告牌、夜间警示灯已按要求设置		
5	已进行放坡处理和固壁支撑		

续表

<table>
<tr><th>序号</th><th colspan="3">安全措施</th><th>是否涉及</th><th>确认人</th></tr>
<tr><td>6</td><td colspan="3">道路施工作业已报：交通、消防、安全监督部门、应急中心</td><td></td><td></td></tr>
<tr><td>7</td><td colspan="3">现场夜间有充足照明：A. 36V、24V、12V 防水型灯；B. 36V、24V、12V 防爆型灯</td><td></td><td></td></tr>
<tr><td>8</td><td colspan="3">作业人员配备有必要的个人防护装备</td><td></td><td></td></tr>
<tr><td>9</td><td colspan="3">易燃易爆、有毒气体存在的场所动土深度超过 1.2m，已按照受限空间作业要求采取了措施</td><td></td><td></td></tr>
<tr><td>10</td><td colspan="3">其他相关特殊作业已办理相应安全作业票</td><td></td><td></td></tr>
<tr><td>11</td><td colspan="3">其他安全措施：
编制人：</td><td></td><td></td></tr>
<tr><td colspan="2">安全交底人</td><td></td><td>接受交底人</td><td colspan="2"></td></tr>
<tr><td colspan="6">作业负责人意见
签字：　　年　月　日　时　分</td></tr>
<tr><td colspan="6">所在单位意见
签字：　　年　月　日　时　分</td></tr>
<tr><td colspan="6">有关水、电、汽、工艺、设备、消防、安全等部门会签意见
签字：　　年　月　日　时　分</td></tr>
<tr><td colspan="6">审批部门意见
签字：　　年　月　日　时　分</td></tr>
<tr><td colspan="6">完工验收
签字：　　年　月　日　时　分</td></tr>
</table>

修改内容：

增加了作业申请时间，将原来的“作业时间”改为“作业实施时间”，进一步细化了各个时间段的管理要求。

断路安全作业证

申请单位		申请人		作业证编号	
作业单位				作业单位负责人	
涉及相关单位(部门)					
断路原因					
断路时间	自　　年　月　日　时　分至　　年　月　日　时　分				

断路地段示意图及相关说明：

签字：　　年　月　日　时　分

危害辨识		
序号	安全措施	确认人
1	作业前，制定交通组织方案(附后)，并已通知相关部门或单位	
2	作业前，在断路的路口和相关道路上设置交通警示标志，在作业区附近设置路栏、道路作业警示灯、导向标等交通警示设施	
3	夜间作业设置警示红灯	
4	其他安全措施： 编制人：	

实施安全教育人			

申请单位意见

签字：　　年　月　日　时　分

作业单位意见

签字：　　年　月　日　时　分

审批部门意见

签字：　　年　月　日　时　分

完工验收

签字：　　年　月　日　时　分

断路安全作业票

编号：

<table>
<tr><td colspan="2">申请单位</td><td></td><td>作业单位</td><td></td><td>作业负责人</td><td></td></tr>
<tr><td colspan="2">涉及相关单位(部门)</td><td colspan="3"></td><td>监护人</td><td></td></tr>
<tr><td colspan="2">断路原因</td><td colspan="5"></td></tr>
<tr><td colspan="2">关联的其他特殊作业及安全作业票编号</td><td colspan="5"></td></tr>
<tr><td colspan="7">断路地段示意图(可另附图)及相关说明：

签字：　　年　月　日　时　分</td></tr>
<tr><td colspan="2">风险辨识结果</td><td colspan="5"></td></tr>
<tr><td colspan="2">作业实施时间</td><td colspan="5">自　　年　月　日　时　分至　　年　月　日　时　分止</td></tr>
<tr><td>序号</td><td colspan="4">安全措施</td><td>是否涉及</td><td>确认人</td></tr>
<tr><td>1</td><td colspan="4">作业前，制定交通组织方案，并已通知相关部门或单位</td><td></td><td></td></tr>
<tr><td>2</td><td colspan="4">作业前，在断路的路口和相关道路上设置交通警示标志，在作业区域附近设置路栏、道路作业警示灯、导向标等交通警示设施</td><td></td><td></td></tr>
<tr><td>3</td><td colspan="4">夜间作业设置警示灯</td><td></td><td></td></tr>
<tr><td>4</td><td colspan="6">其他安全措施：

编制人：</td></tr>
<tr><td colspan="2">安全交底人</td><td colspan="2"></td><td>接受交底人</td><td colspan="2"></td></tr>
<tr><td colspan="7">作业负责人意见

签字：　　年　月　日　时　分</td></tr>
<tr><td colspan="7">所在单位意见

签字：　　年　月　日　时　分</td></tr>
<tr><td colspan="7">消防、安全管理部门意见

签字：　　年　月　日　时　分</td></tr>
<tr><td colspan="7">审批部门意见

签字：　　年　月　日　时　分</td></tr>
<tr><td colspan="7">完工验收

签字：　　年　月　日　时　分</td></tr>
</table>

附录 3　安全作业票的管理要求对比

安全作业证的管理（GB 30871—2014）	安全作业票的管理（GB 30871—2022）	
B.1　安全作业证的区分 有分级的特殊作业，安全作业证应根据特殊作业的等级以明显标记加以区分。	B.1 安全作业票的区分 有分级的特殊作业，安全作业票应根据特殊作业的等级以明显标记加以区分。	统一称为“安全作业票”。
B.2　安全作业证的办理、审批和使用 B.2.1　安全作业证的办理、审核（会签）、审批部门（人）的内容如表 B.1 所示。 （表 B.1 安全作业证的办理和审批的内容，见下）	B.2　安全作业票的办理、审批 安全作业票的办理部门、审核（会签）、审批部门（人）内容如表 B.1 所示。 （表 B.1 安全作业票的办理、审批内容，见下）	1. 明确了安全作业票的办理部门。 2. 调整了高处作业的分级编号方式。 3. 明确了安全作业票的管理作为资料性附件，危险化学品企业可根据具体管理机构设置情况参照执行。

表 B.1　安全作业证的办理和审批的内容（GB 30871—2014）

安全作业证种类		办理部门	审核或会签	审批部门（人）
动火证	特殊动火作业	作业单位	—	主管厂长或总工程师
	一级动火作业		—	安全管理部门
	二级动火作业		—	动火点所在车间
受限空间证		作业单位	—	受限空间所在单位
盲板抽堵证		生产车间（分厂）	作业单位	生产部门
高处作业证	一级高处作业[a]	作业单位	—	设备管理部门
	二级、三级高处作业[b]		车间	设备管理部门
	特级高处作业[c]		安全管理部门	主管厂长

表 B.1　安全作业票的办理、审批内容（GB 30871—2022）

安全作业票种类		办理部门	审核或会签	审批部门（人）
动火安全作业票	特级动火作业	危险化学品企业	/	主管领导
	一级动火作业		/	安全管理部门
	二级动火作业		/	所在基层单位
受限空间安全作业票			/	所在基层单位
盲板抽堵安全作业票			/	所在基层单位
高处安全作业票	Ⅰ级高处作业		/	所在基层单位
	Ⅱ级、Ⅲ级高处作业		/	所在单位专业部门
	Ⅳ级高处作业		/	主管厂长或总工程师

续表

安全作业证的管理(GB 30871—2014)	安全作业票的管理(GB 30871—2022)	

2014 版：

续表

安全作业证种类		办理部门	审核或会签	审批部门(人)
吊装证[d]	一级吊装作业	作业单位	—	主管厂长或总工程师
	二级、三级吊装作业	作业单位	—	设备管理部门
临时用电证		作业单位	配送电单位	动力部门
动土证		动土所在单位	水、电、汽、工艺、设备、消防、安全管理等部门	工程管理部门
断路证		断路所在单位	消防、安全管理部门	工程管理部门

[a]还包括在坡度大于45°的斜坡上面实施的高处作业。

[b]还包括下列情形的高处作业：

1）在升降(吊装)口、坑、井、池、沟、洞等上面或附近进行的高处作业；

2）在易燃、易爆、易中毒、易灼伤的区域或转动设备附近进行的高处作业；

3）在无平台、无护栏的塔、釜、炉、罐等化工容器、设备及架空管道上进行的高处作业；

4）在塔、釜、炉、罐等设备内进行的高处作业；

5）在临近排放有毒、有害气体、粉尘的放空管线或烟囱及设备的高处作业。

[c]还包括下列情形的高处作业：

1）在阵风风力为6级(风速10.8m/s)及以上情况下进行的强风高处作业；

2）在高温或低温环境下进行的异温高处作业；

3）在降雪时进行的雪天高处作业；

4）在降雨时进行的雨天高处作业；

5）在室外完全采用人工照明进行的夜间高处作业；

6）在接近或接触带电体条件下进行的带电高处作业；

7）在无立足点或无牢靠立足点的条件下进行的悬空高处作业。

[d]其他要求：

1）对本标准9.2.1规定的吊装作业，应将吊装方案与填好的《吊装证》一并报设备管理部门批准；

2）吊装质量小于10t的吊装作业可不办理《吊装证》。

2022 版：

续表

安全作业票种类		办理部门	审核或会签	审批部门(人)
吊装安全作业票	一级吊装作业	危险化学品企业	/	主管厂长或总工程师
	二级、三级吊装作业		/	所在单位专业部门
临时用电安全作业票			配送电单位	配送电单位
动土安全作业票			水、电、汽、工艺、设备、消防、安全管理等动土涉及单位	所在单位专业部门
断路安全作业票			断路涉及单位消防、安全管理部门	所在单位专业部门

说明：1. 安全作业票的审核或会签人员根据危险化学品企业具体管理机构设置情况参照执行。

2. Ⅰ级高处作业还包括在坡度大于45°的斜坡上面实施的高处作业。

Ⅱ级、Ⅲ级高处作业还包括下列情形的高处作业：

a）在升降(吊装)口、坑、井、池、沟、洞等上面或附近进行的高处作业；

b）在易燃、易爆、易中毒、易灼伤的区域或转动设备附近进行的高处作业；

c）在无平台、无护栏的塔、釜、炉、罐等化工容器、设备及架空管道上进行的高处作业；

d）在塔、釜、炉、罐等设备内进行的高处作业；

e）在邻近排放有毒、有害气体、粉尘的放空管线或烟囱及设备的高处作业。

Ⅳ级高处作业还包括下列情形的高处作业：

a）在高温或低温环境下进行的异温高处作业；

b）在降雪时进行的雪天高处作业；

c）在降雨时进行的雨天高处作业；

d）在室外完全采用人工照明进行的夜间高处作业；

e）在接近或接触带电体条件下进行的带电高处作业；

f）在无立足点或无牢靠立足点的条件下进行的悬空高处作业。

3. 吊装质量小于10t的作业可不办理《吊装票》，但应进行风险分析，并确保措施可靠。

变化：

1. 明确了安全作业票的办理部门。

2. 调整了高处作业的分级编号方式。

3. 明确了安全作业票的管理作为资料性附件，危险化学品企业可根据具体管理机构设置情况参照执行。

续表

<table>
<tr><th>安全作业证的管理（GB 30871—2014）</th><th>安全作业票的管理（GB 30871—2022）</th><th></th></tr>
<tr><td>B. 2. 2　安全作业证实行一个作业点、一个作业周期内同一作业内容一张《安全作业证》的管理方式。
B. 2. 3　安全作业证不应随意涂改和转让，不应变更作业内容、扩大使用范围、转移作业部位或异地使用。
B. 2. 4　作业内容变更，作业范围扩大、作业地点转移或超过有效期限，以及作业条件、作业环境条件或工艺条件改变时，应重新办理安全作业证。</td><td>4. 16　作业内容变更、作业范围扩大、作业地点转移或超过安全作业票有效期限时，应重新办理安全作业票。
4. 17　工艺条件、作业条件、作业方式或作业环境改变时，应重新进行作业危害分析，核对风险管控措施，重新办理安全作业票。
4. 18　安全作业票应规范填写，不得涂改。安全作业票样式和管理见附录 A 和附录 B。</td><td>调至正文中，作为强制条款执行。</td></tr>
<tr><td>B. 3　安全作业证的有效期限
B. 3. 1　特殊动火作业和一级动火作业的《动火证》有效期不应超过 8h；二级动火作业的《动火证》有效期不应超过 72h。</td><td>5. 1. 5　特级、一级动火安全作业票有效期不应超过 8h；二级动火安全作业票有效期不应超过 72h。</td><td>调至正文中，作为强制条款执行。</td></tr>
<tr><td>B. 3. 2　《受限空间证》有效期不应超过 24h。</td><td>6. 10　受限空间安全作业票有效期不应超过 24h。</td><td>调至正文中，作为强制条款执行。</td></tr>
<tr><td>B. 4　安全作业证持有及保存
安全作业证一式三联，其持有和存档部门（人）参见表 B. 2。安全作业证应至少保存一年。

表 B. 2　《安全作业证》持有及保存的内容
<table>
<tr><th colspan="2" rowspan="2">安全作业证种类</th><th colspan="3">持有及保存情况</th></tr>
<tr><th>第一联</th><th>第二联</th><th>第三联（存档）</th></tr>
<tr><td rowspan="2">动火证</td><td>一级和特殊动火</td><td>动火点所在车间（监火）</td><td>动火人</td><td>安全管理部门</td></tr>
<tr><td>二级动火</td><td>动火点所在车间操作岗位（监火）</td><td>动火人</td><td>生产车间</td></tr>
<tr><td colspan="2">受限空间证</td><td>作业负责人</td><td>监护人</td><td>受限空间所在单位</td></tr>
</table></td><td>B. 3　安全作业票的持有及保存
安全作业票一式三联，其持有和存档部门（人）参见表 B. 2。安全作业票应至少保存一年，<u>作业过程影像记录应至少留存一个月。</u>

表 B. 2　安全作业票的持有及保存的内容
<table>
<tr><th colspan="2" rowspan="2">安全作业票种类</th><th colspan="3">持有及保存情况</th></tr>
<tr><th>第一联</th><th>第二联</th><th>第三联（存档）</th></tr>
<tr><td rowspan="2">动火安全作业票</td><td>特级和一级动火</td><td rowspan="3">监护人</td><td>作业单位（动火人）</td><td>安全管理部门</td></tr>
<tr><td>二级动火</td><td>作业单位（动火人）</td><td>所在基层单位</td></tr>
<tr><td colspan="2">受限空间安全作业票</td><td>作业单位负责人</td><td>所在基层单位</td></tr>
</table></td><td>调整了三联作业票的持有和存档要求，新增了动火作业视频录像的保存要求。作为推荐性要求文件，为企业提供建议。</td></tr>
</table>

续表

安全作业证的管理(GB 30871—2014)	安全作业票的管理(GB 30871—2022)	

安全作业证的管理(GB 30871—2014)

续表

安全作业证种类	持有及保存情况		
	第一联	第二联	第三联(存档)
盲板抽堵证	作业单位	生产车间(分厂)	生产管理部门
高处作业证	作业人员	作业负责人	设备管理部门
吊装证	吊装指挥	项目单位	设备管理部门
临时用电证	作业单位(作业时)配送电执行人(作业结束后注销)	配送电执行人	动力部门
动土证	现场作业人员	动土所在单位	工程管理部门
断路证	作业单位	断路所在单位	工程管理部门

安全作业票的管理(GB 30871—2022)

续表

安全作业票种类	持有及保存情况		
	第一联	第二联	第三联(存档)
盲板抽堵安全作业票	监护人	作业单位实施人	所在基层单位
高处安全作业票		作业单位实施人	所在基层单位
吊装安全作业票		吊装指挥	所在基层单位
临时用电安全作业票		作业单位(作业时)配送电执行人(作业结束后注销)	电气管理部门
动土安全作业票		作业单位负责人	所在单位专业部门
断路安全作业票		作业单位负责人	所在单位专业部门

说明：安全作业票的持有及保存部门根据危险化学品企业具体管理机构设置情况参照执行。

GB 30871—2014	GB 30871—2022	
参考文献（见下）	删除	

参考文献

[1] HG 23011—1999 厂区动火作业安全规程

[2] HG 23012—1999 厂区设备内作业安全规程

[3] HG 23013—1999 厂区盲板抽堵作业安全规程

[4] HG 23014—1999 厂区高处作业安全规程

[5] HG 23015—1999 厂区吊装作业安全规程

[6] HG 23016—1999 厂区断路作业安全规程

[7] HG 23017—1999 厂区动土作业安全规程

[8] HG 23018—1999 厂区设备检修作业安全规程

[9] GA 182 道路作业交通安全标志